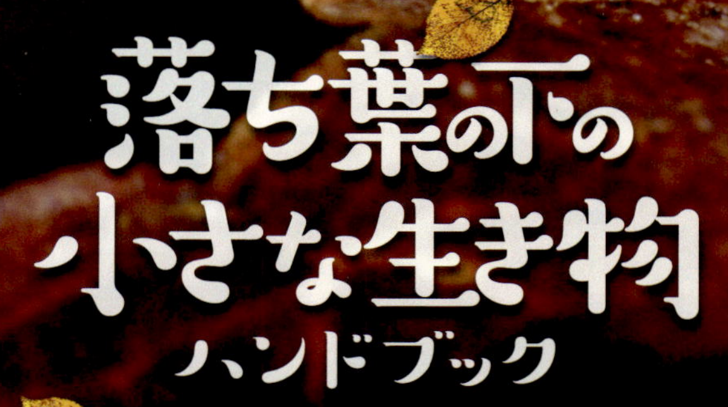

落ち葉の下の小さな生き物ハンドブック

皆越ようせい・著　渡辺弘之・監修

文一総合出版

落ち葉の下の小さな生き物たち

森や林には、毎年、落ち葉が降り積もります。また、木の枝や木の実も落ちます。さらには動物の糞や死がいもあります。これらがそのままに積もれば、森や林はたちまち、ごみの山になってしまいます。しかし、落ち葉の下には、これらをすべて片づけてくれる小さな生き物たちがたくさん暮らしています。ダニ(ササラダニ)、トビムシ、ヤスデ、ワラジムシ、ミミズなどの土壌動物たち、カビやキノコ、目には見えない微生物です。

ダニ(ササラダニ)、ヤスデ、ワラジムシなどは、落ち葉を細かくかみ砕き、それらを微生物が分解します。また、微生物が分解したものをミミズなどが食べることもあります。このように、それぞれの分担作業によって、落ち葉、木の枝や実、それに動物の糞や死がいは、次第に土になっていきます。

落ち葉の下は、食べものが豊富で、快適な居住空間といえそうです。しかし、ときとしてトビムシがカニムシに、カニムシはムカデに襲われるといった「食う・食われる」の捕食関係もあります。

落ち葉の下は、生き物がいない暗くて冷たい静かな世界だと思う人が多いかもしれませんが、じつは、さまざまな小さな生き物たちの活気に満ちた世界なのです。

落ち葉を食べるオカダンゴムシ。

きのこの傘を食べるシママルトビムシ。

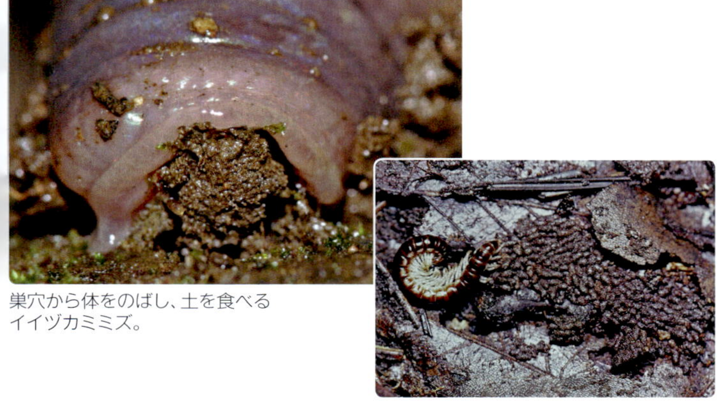

巣穴から体をのばし、土を食べる
イイヅカミミズ。

落ち葉のすき間で休むヤケヤスデと、
その糞塊。

小さな生き物たちを探してみよう

落ち葉の降り積もった森や林の中を歩くと、地面がふかふかとして心地よく感じます。しかし、その落ち葉のすぐ下には、小さな生き物たちがたくさん暮らしていることに気づいている人は、少ないかもしれませんね。

では、一体どんな生き物がいるのでしょうか？ 彼らの姿を見たいという人のために、小さな生き物たちを探し出すポイントを紹介します。

①落ち葉のあるところ

天気のよい日が続いた後は、積もった落ち葉の中ほどまでからからに乾いています。その乾いた落ち葉を上から、ゆっくりと静かにはがしとっていきます。すると、まずクモ、ゴキブリ、イシノミなどが現れます。さらに落ち葉をはがしていくと、湿っぽい落ち葉と落ち葉がぴったりくっついたものが目立つようになり、落ち葉は少しやわらかくなります。ここには、トビムシ、ハマトビムシ、ダニ（ササラダニ）、ワラジムシ、カニムシなどがいます。さらにその下の落ち葉は、湿っているばかりでなく、色も黒っぽく、手に取るとぼろぼろにくずれるようになります。ここにはコムシ、ミミズ、ジムカデなどがいます。

②朽ち木の中や樹皮の下

まず、木の皮をゆっくりと静かにはがしましょう。すると、ナメクジ、ヤスデ、ゴキブリなどが見つかるでしょう。ムカデなどがじっと動かないでいることもあります。また、倒れて朽ちた木であれば、地面に接したところに注意してみましょう。木をひっくり返すと、ヤスデやムカデ、ゲジ、コウガイビルなどが現れます。ときには、エダヒゲムシがいることもあります。

菌糸体は、落ち葉を土に返す働きをする。

朽ち木は土壌動物の宝庫。

海岸の岩のくぼみや、石の下にも土壌動物が潜んでいる。

ハマダンゴムシやヒメハマトビムシ、イソミミズなどが見つかるかもしれない。

石やコンクリートの下なども観察ポイント。

③海岸の岩・石の下

岩をよく見ると、割れ目やわずかなすき間があります。海水が直接かからない岩や石の下では、カニムシを見つけることができるかもしれません。

④海岸の砂地

海水がしみ出るような砂地で、石がごろごろとあるようなところにはニホンハマワラジムシ、海藻の下にはイソミミズがいます。海水が直接かからないような砂の中や、砂地に打ち上げられた流木、海藻の下などには、ハマダンゴムシがいます。

小さな生き物たちが住んでいる場所の例をあげました。このほかにも、石やコンクリート（ブロックやそのかけら）の下、置き去りになった木切れ、板切れの裏、野積みになった枯れ草、牛舎から出た堆肥の中など、いろいろな場所に、小さな生き物たちの暮らしがあります。

小さな生き物を観察する道具

- ふるい 園芸用（直径20～30cm）
  ※落ち葉や土をふるいにかけて、小さな生き物を探しやすくするための道具
- 網目の小さい金網
- 白いバット
- ピンセット（できれば柄の長いものもあるとよい）
- 小さな生き物入れのふた付き容器1～2個（ふたには小さな穴があいているとよい）
- ルーペ
- ショベル（園芸用）
- くま手（園芸用）
- 手袋
- 白いビニール布（1×1mほど）
- カメラ

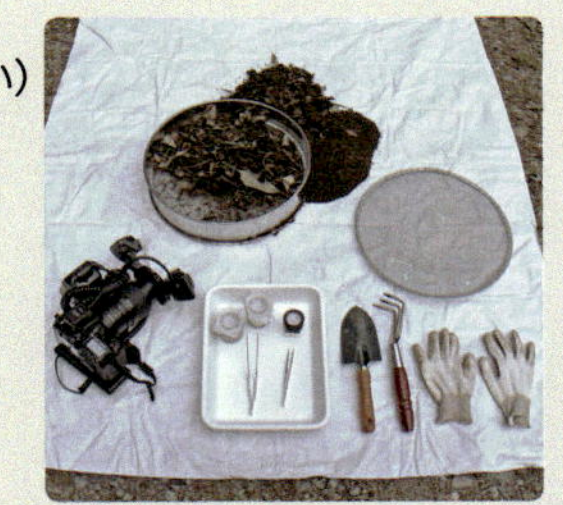

※ここで紹介した道具は、著者自身が採集・撮影をするときに使っているものです。

身近な土壌動物の検索表

落ち葉の下に暮らす小さな生き物たちの見分け方を表にしました。まずは「足」に着目して、「昆虫は3対（6本）」「クモは4対（8本）」「ミミズには足はない」などと、検索表をたどってみてください。

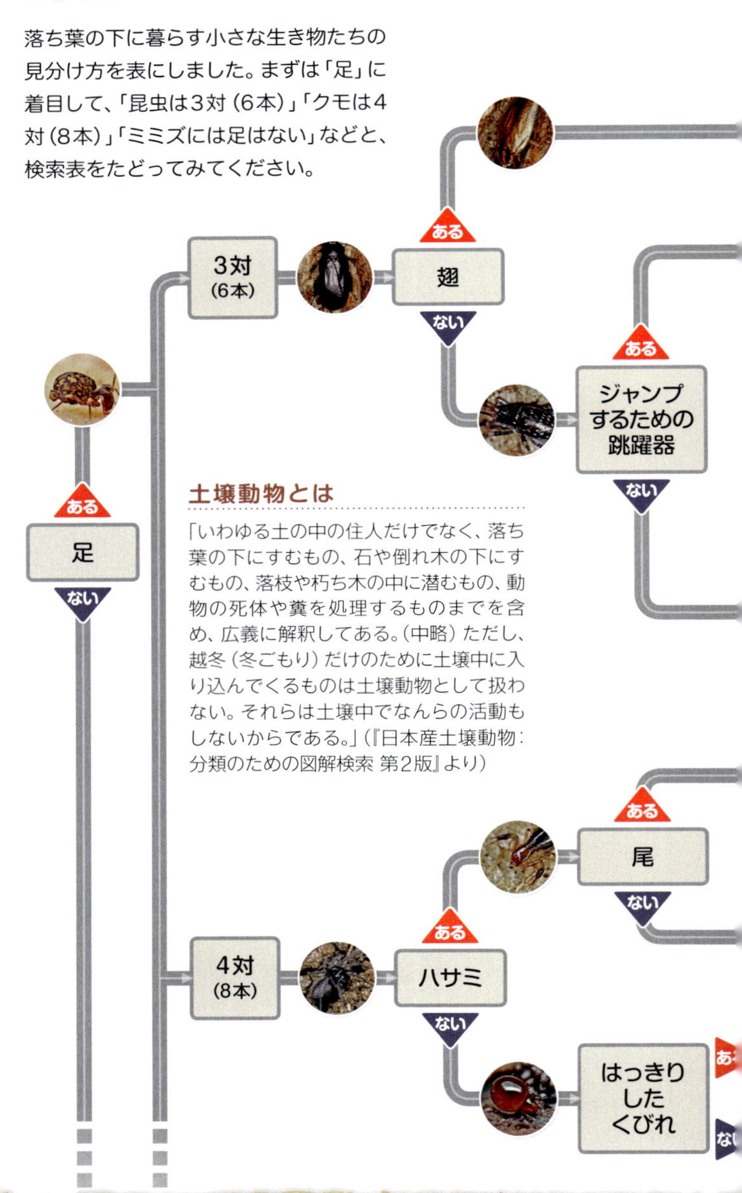

土壌動物とは

「いわゆる土の中の住人だけでなく、落ち葉の下にすむもの、石や倒れ木の下にすむもの、落枝や朽ち木の中に潜むもの、動物の死体や糞を処理するものまでを含め、広義に解釈してある。（中略）ただし、越冬（冬ごもり）だけのために土壌中に入り込んでくるものは土壌動物として扱わない。それらは土壌中でなんらの活動もしないからである。」（『日本産土壌動物：分類のための図解検索 第2版』より）

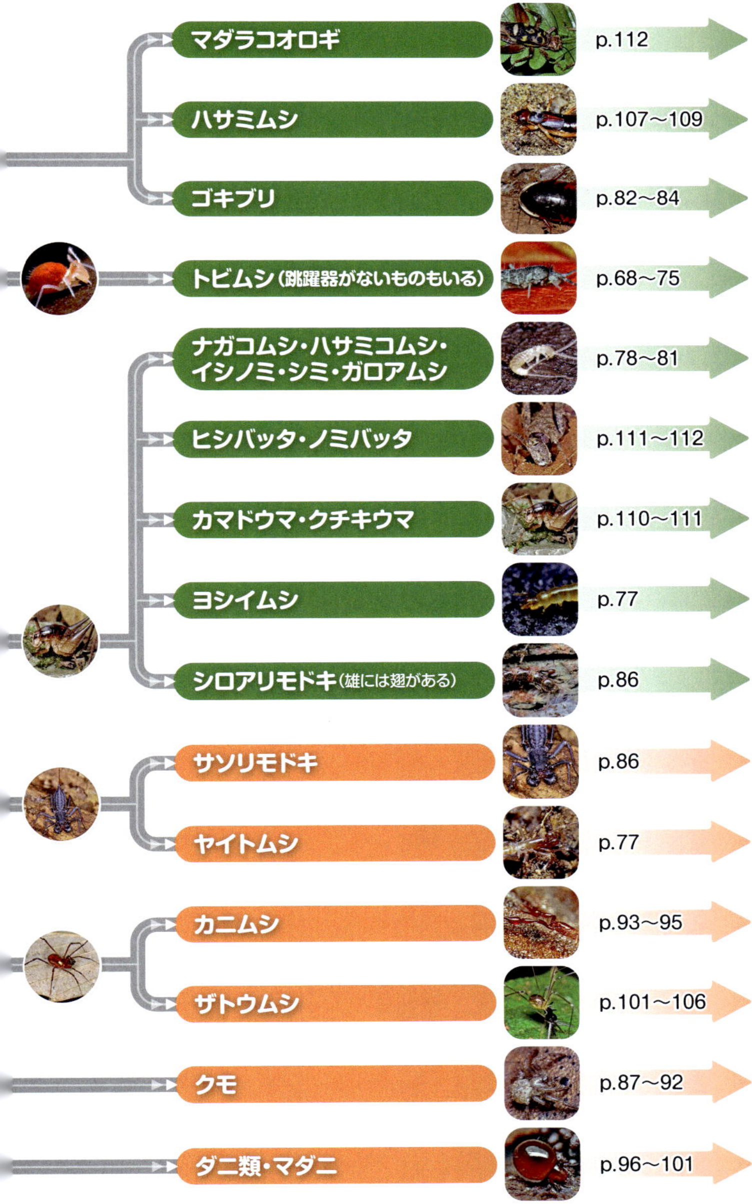

マダラコオロギ p.112

ハサミムシ p.107〜109

ゴキブリ p.82〜84

トビムシ（跳躍器がないものもいる） p.68〜75

ナガコムシ・ハサミコムシ・イシノミ・シミ・ガロアムシ p.78〜81

ヒシバッタ・ノミバッタ p.111〜112

カマドウマ・クチキウマ p.110〜111

ヨシイムシ p.77

シロアリモドキ（雄には翅がある） p.86

サソリモドキ p.86

ヤイトムシ p.77

カニムシ p.93〜95

ザトウムシ p.101〜106

クモ p.87〜92

ダニ類・マダニ p.96〜101

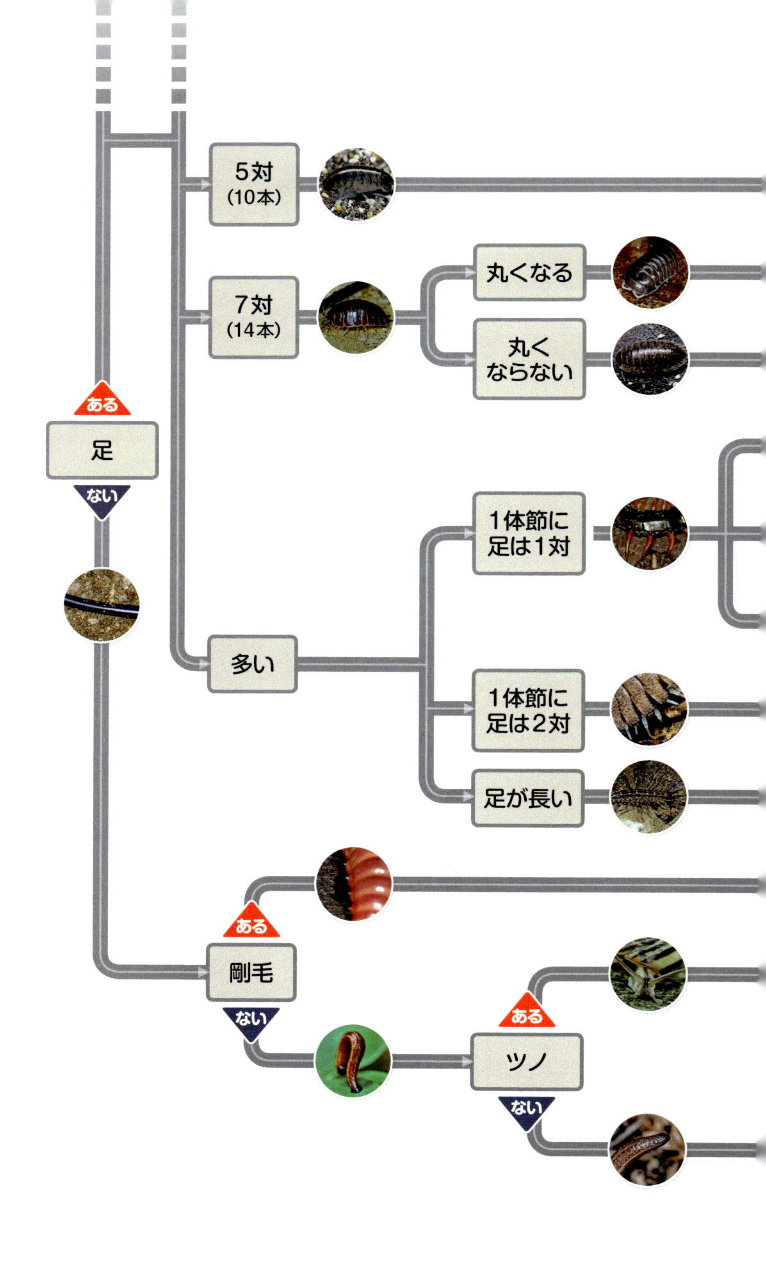

5対
(10本)
丸くなる
7対
(14本)
丸く
ならない
ある
足
ない
1体節に
足は1対
多い
1体節に
足は2対
足が長い
ある
剛毛
ない
ある
ツノ
ない

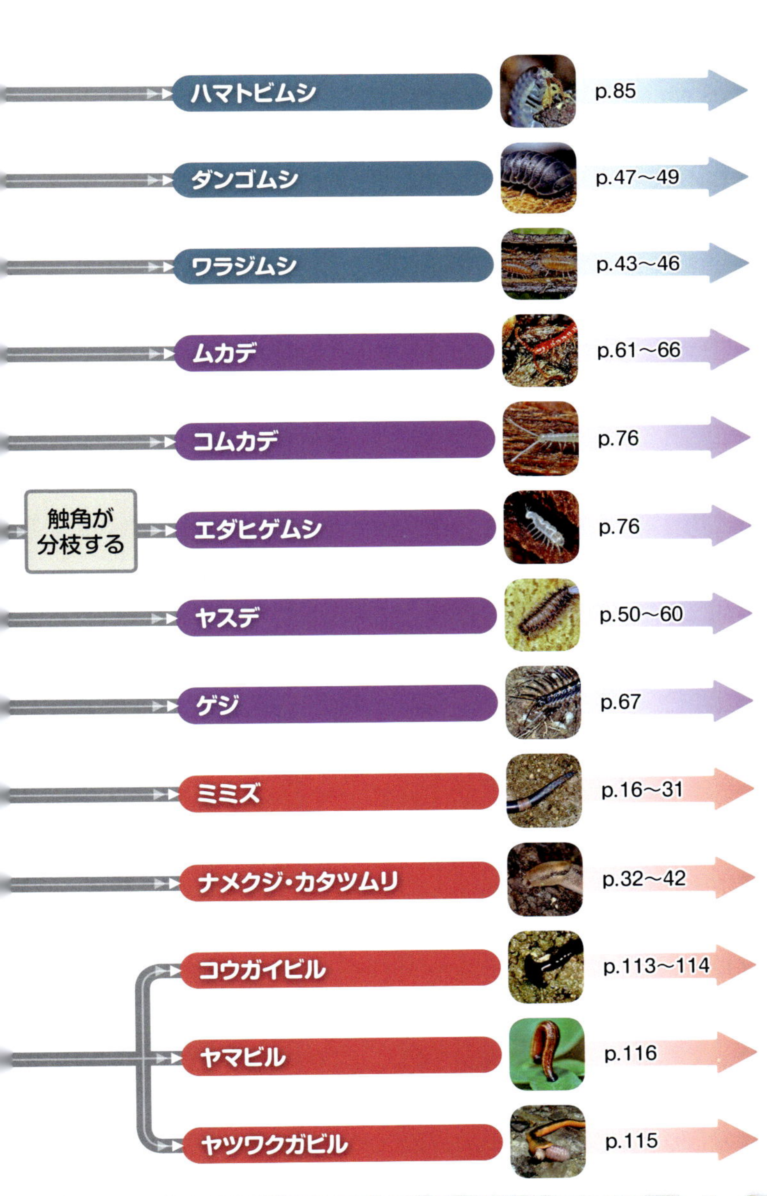

ハマトビムシ
p.85
ダンゴムシ
p.47〜49
ワラジムシ
p.43〜46
ムカデ
p.61〜66
コムカデ
p.76
触角が分枝する
エダヒゲムシ
p.76
ヤスデ
p.50〜60
ゲジ
p.67
ミミズ
p.16〜31
ナメクジ・カタツムリ
p.32〜42
コウガイビル
p.113〜114
ヤマビル
p.116
ヤツワクガビル
p.115

この本の使い方

この本では、土の中や落ち葉の下、朽ち木などで暮らす小さな生き物、ミミズをはじめ、トビムシ、ヤスデ、ワラジムシ、ササラダニ、クモ、カニムシ、ムカデの仲間など、土壌動物を中心に、一部その他の生き物も含めて、169種を生態写真で紹介しました。

① **種名・科名・属名・学名**：上段に科名と属名を、中段に太字で種名を表記した。種名の色分けは、検索表（p.6〜9）に基づく。下段には学名を表記した。

② **大きさ**：本書では著者の観察をもとに、ほかの資料も参考にしながら、個体の体長（触角やつのは入らない）、殻長、殻高、殻径を表記した。いずれも個体差があるが、平均的な数値である。個体差の大きいものや、ミミズなどのように伸び縮みするものに関しては、「30〜100mm」のように表記した。

③ **生態写真**：本書では、一部の写真をのぞき、すべて自然条件下で撮影した写真を収録した。特徴的な生態写真（巣や卵、捕食シーン）がある場合は、それも掲載した。

④ **写真キャプション**：成体や幼体、雌雄のほか、撮影した場所と月のデータを掲載した。土壌動物は、分布や見られる時期がよくわかっていない種も多いので、探すときの参考にしてほしい。

⑤ **解説（分布・生息環境・特徴）**：形態的な特徴や、何を食べているか、どんなところに生息しているのか、観察方法など、著者の体験も掲載した。記述に関しては、『日本産土壌動物：分類のための図解検索 第2版』（東海大学出版会）のほか、複数の書籍を参考にした。参考資料については、p.120を参照のこと。

用語解説

- **体長**（たいちょう）：口の先（第1体節）から肛門の端（最後部体節）まで。
- **体節**（たいせつ）：ミミズの体は、環状の節のつながりでできている。その1つ1つの節。
- **環帯**（かんたい）：ミミズが成体になると、第14～16体節にできる少しふくらんだところ（体節のくびれは、はっきりしない）。成体と幼体の区別点でもある。
- **雌性孔**（しせいこう）：第14体節（環帯）の腹面にある1個の孔。第13体節内にある1対の卵巣とを結ぶ輸卵管の開口部。
- **雄性孔**（ゆうせいこう）：ミミズの第18体節の腹面にある1対の孔。交接時に相手に精子を送るための開口部。
- **亜成体**（あせいたい）：成長過程において幼体でもなく成体（成熟した個体）でもない、それらの中間にある未成熟の個体。
- **受精のう孔**（じゅせいのうこう）：体内の受精のうとを結ぶ導管の開口部。第4～9体節の体側にあって、それぞれの体節の間に1～5対ある。種によって、対数や位置は決まっている。
- **性徴**（せいちょう）：体内の生殖腺が体の表面に開口した部位。その役割は不明。
- **外部標徴**（がいぶひょうちょう）：性徴のように、体内の生殖腺とのつながりはない。茶褐色などの有彩色紋（p.19ハタケミミズ）で、周囲と容易に区別されやすい斑紋である。
- **一年生**（いちねんせい）：冬季に成体（亜成体を含む）、幼体のいずれも生息しないもの。
- **越年生**（えつねんせい）：冬季に成体（亜成体を含む）、幼体のいずれかが生息するもの。

※『ミミズ図鑑』（全国農村教育協会）を参考にした。
※以上はミミズ（フトミミズ科）についての解説であり、ほかの科についてはこれに限らない。

- **イリドウイルス**：ウイルスの1種で、感染すると体色が青くなる。オカダンゴムシ、ワラジムシ、ニホンヒメフナムシなどによく見られる。
- **鋏顎**（きょうがく）：1対の大きなハサミ（触肢）の間にある小さな1対のハサミのようなもの。
- **大触角**（だいしょっかく）：一般にカタツムリやナメクジの「つの」といっているが、小さな1対の「つの」を小触角、大きな1対の「つの」を大触角という。
- **歯舌**（しぜつ）：カタツムリやナメクジの口には、細かい歯のついたおろし金のよう舌がある。そこで植物の葉や藻類などを削り取って食べる。
- **跳躍器**（ちょうやくき）：トビムシ類がもつジャンプするための器官。尻に近い腹側（第4体節）にあって、ふつうは尻から頭のほうに曲げ、腹にくっつけている。危険を感じたときなど、その細長い跳躍器を地面にたたきつけ、その反動で自分の体を跳ね飛ばす。
- **眼丘**（がんきゅう）：ザトウムシ類の頭胸部背面にある2つの眼のついた、こぶのようなでっぱり。

土壌動物の体のつくり

●ミミズの仲間

環形動物門ミミズ綱に属する動物の総称で、眼がなく、手足もないたくさんの環状の節がつながった円筒状の動物。

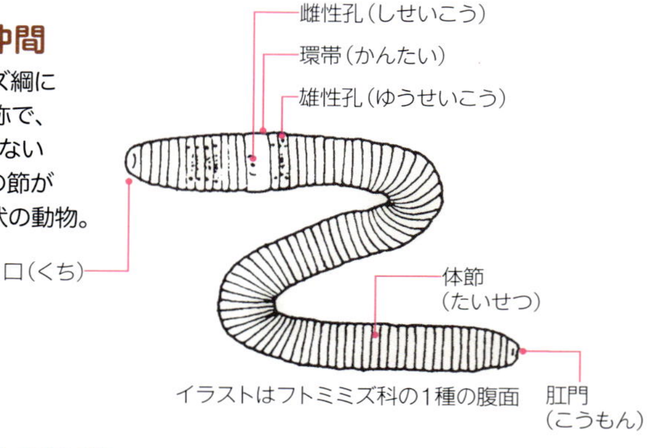

イラストはフトミミズ科の1種の腹面

●カタツムリの仲間

軟体動物門マキガイ綱に属する巻貝のうち、陸にすむ巻貝の通称。

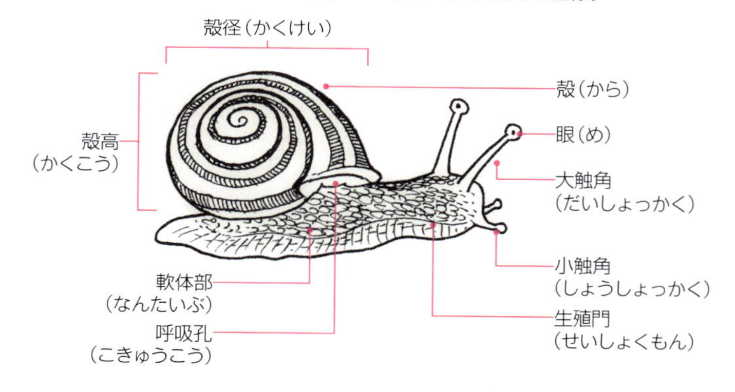

●ワラジムシの仲間

節足動物門甲殻亜門軟甲綱ワラジムシ目のかなりの種を総称する呼び名。

頭部（とうぶ）
触角（しょっかく）
脚（あし）
胸部（きょうぶ）
体節（たいせつ）
腹部（ふくぶ）
腹尾節（ふくびせつ）

ヤスデの仲間

節足動物門多足亜門ヤスデ綱に属する動物の総称。
細く、短い多数の歩脚がある。

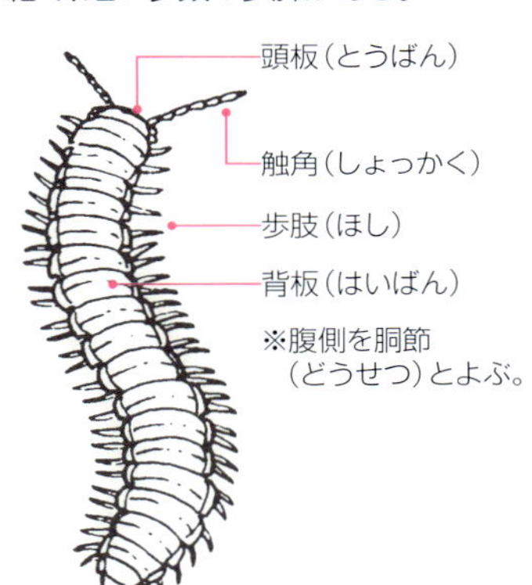

ムカデの仲間

節足動物門多足亜門ムカデ綱に属する動物の総称。
脚の数が多く、捕食性。

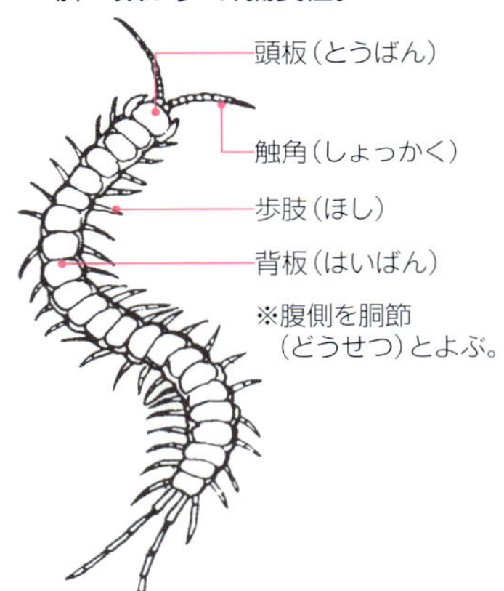

トビムシの仲間

節足動物門
昆虫亜門(六脚亜門)
内顎綱トビムシ目に
属する動物。

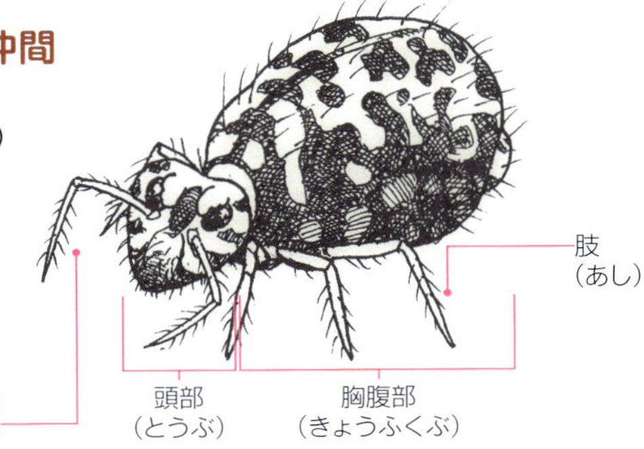

ゴキブリの仲間

節足動物門昆虫亜門
外顎綱ゴキブリ目のうち
シロアリ以外のものの総称。

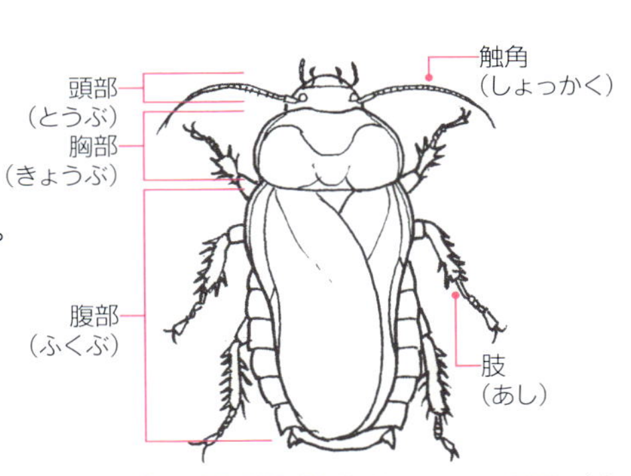

クモの仲間

節足動物門鋏角亜門クモガタ綱クモ目に属する動物の総称。

上顎（じょうがく）（上顎の先端には牙がある）
触肢（しょくし）
頭胸部（とうきょうぶ）
背甲（はいこう）
歩脚（ほきゃく）
腹部（ふくぶ）

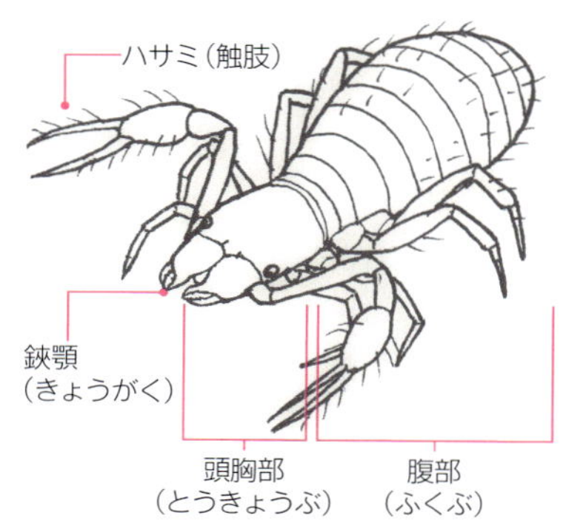

カニムシの仲間

節足動物門鋏角亜門クモガタ綱カニムシ目に属する動物の総称。

ダニの仲間

節足動物門鋏角亜門クモガタ綱ダニ目に属する動物の総称。

ザトウムシの仲間

節足動物門鋏角亜門クモガタ綱ザトウムシ目に属する動物の総称。

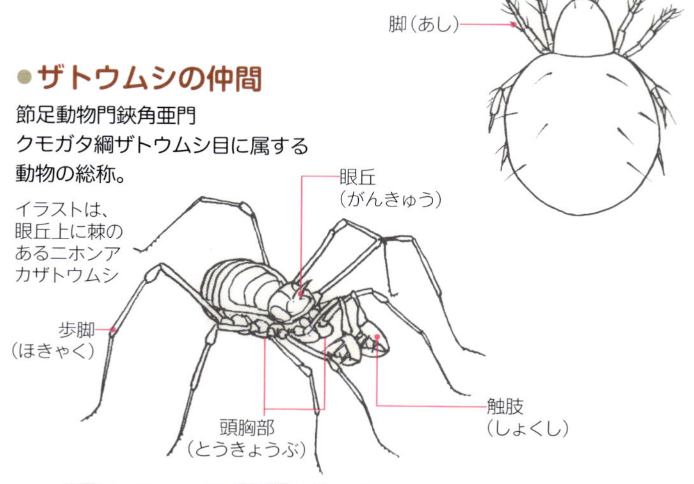

イラストは、眼丘上に棘のあるニホンアカザトウムシ

●ハサミムシの仲間

節足動物門昆虫亜門
外顎綱ハサミムシ目に属する
動物の総称。

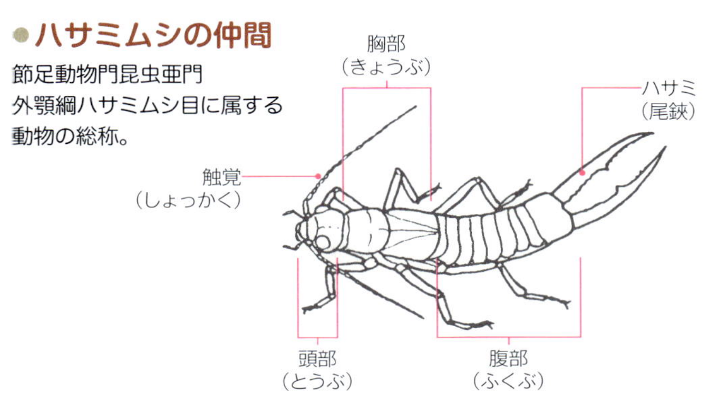

●バッタの仲間

節足動物門昆虫亜門外顎綱バッタ目（直翅目）・バッタ亜目に
属する動物の総称。

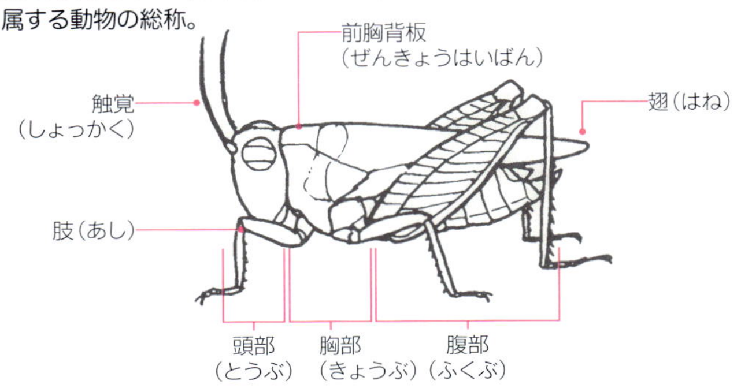

●ウズムシの仲間

扁形動物門ウズムシ類
サンキチョウウズムシ目に
属する動物の総称。

●ヒルの仲間

環形動物門ヒル綱アゴビル目に
属する動物の総称。

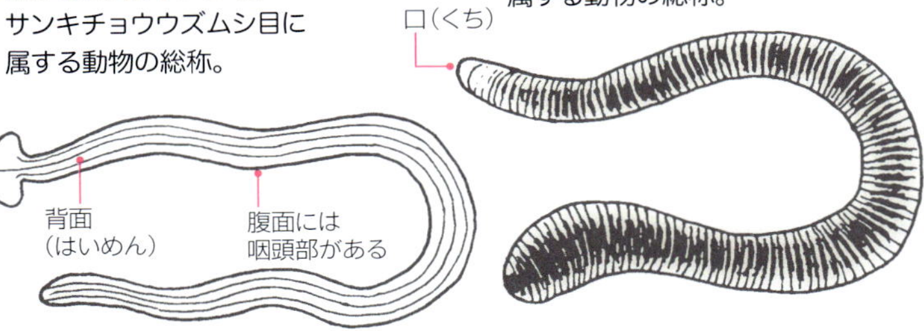

※分類は『日本産土壌動物：分類のための図解検索 第2版』による。

フトミミズ科フトミミズ属

シーボルトミミズ

Pheretima sieboldi

体長 240～400mm

時期 越年生

環帯がはっきりしている（成体）。体色は濃紺～青藍色。熊本県、8月。

環帯はよくわからない（亜成体）。

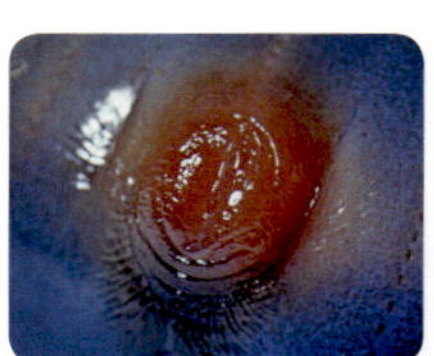

腹面第18体節の雄性孔の拡大。

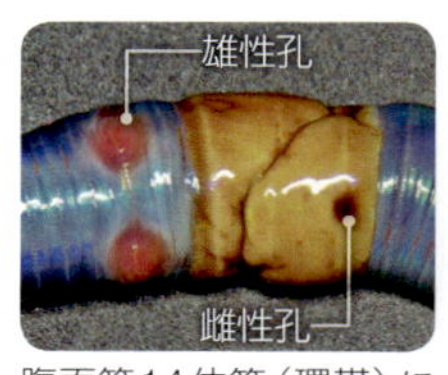

腹面第14体節（環帯）に雌性孔、第18体節に1対の雄性孔がある。

5～11月、山地の道端や側溝などでもよく見られる。

分布：紀伊半島、中部（一部）、中国、四国、九州。**生息環境**：山地の森や林、林縁の落ち葉の下など。**特徴**：大型のミミズ。体側第6～9体節のそれぞれの体節の間に3対の受精のう孔がある。腐りかけた落ち葉などを食べる。

フトミミズ科フトミミズ属

フトスジミミズ

Pheretima vittata

体長 90〜200mm

時期 春〜秋（一年生）

環帯がはっきりしている（成体）。体色は茶色地に赤茶色の縞模様。東京都、7月。

アオキミミズ（中央）との体の比較。

腹面第7体節に性徴がある（矢印）。第18体節にあるものもいる。

雌性孔

腹面第14体節（環帯）に雌性孔（矢印）がある。この個体には雄性孔はない。

道路沿いの落ち葉やゴミの中などにいる。

分布：北海道から九州。**生息環境**：森や林、林縁、道路わきの側溝、植栽の下など。**特徴**：雄性孔は、あるものとないものがいる。体側第6〜8体節のそれぞれの体節の間に2対の受精のう孔があるが、ないものもいる。腐りかけた落ち葉などを食べる。

フトミミズ科フトミミズ属

ヒトツモンミミズ

Pheretima hilgendorfi

体長 90〜250mm

時期 春〜秋（一年生）

成体。体色は茶色。東京都、7月。

公園内の植栽の下などにいるヒトツモンミミズ。

腹面第8体節に性徴が1つある。

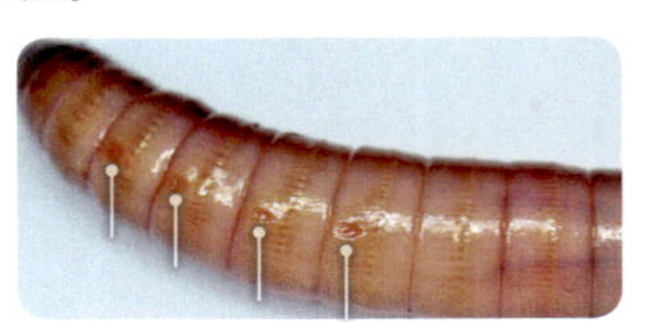

性徴が4つあるものもいる。

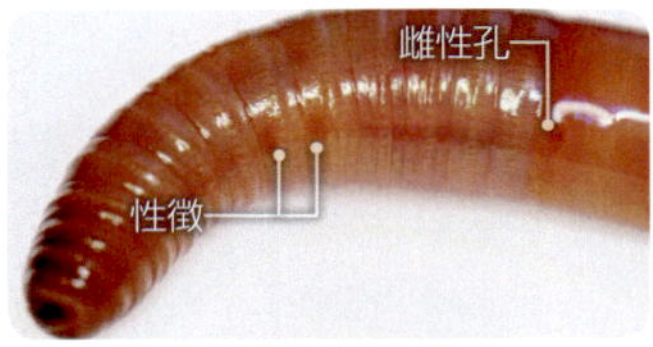

腹面第8·9体節に性徴が2つ、
第14体節（環帯）には雌性孔がある。

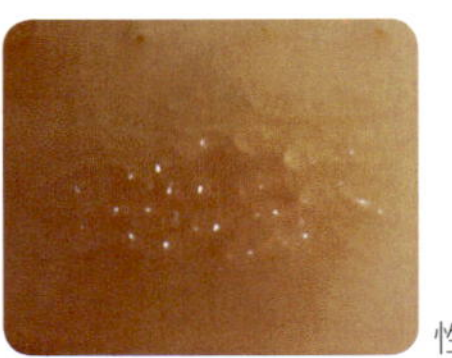

性徴の拡大。

道路や公園の片隅など、湿った地面でよく見る。

分布：北海道から九州。
生息環境：森や林、林縁、道路わきの側溝、植栽の下など。
特徴：体側第6〜8体節のそれぞれの体節の間に2対の受精のう孔がある。名前のとおり腹面に性徴が1つあるのが特徴だが、2〜4つある個体もいて、興味深いミミズだ。

フトミミズ科フトミミズ属

ハタケミミズ

Pheretima agrestis

体長 90〜180mm

時期 春〜秋（一年生）

成体。体色は茶色。ヒトツモンミミズやフキソクミミズによく似る。東京都、7月。

腹面第7体節に茶褐色の外部標徴（第6・8体節にあるものもいる）がある（矢印）。腹面第18体節にある雄性孔は、ないものもよく見られる。

分布：北海道から九州。
生息環境：森や林、林縁、道路わきの側溝など。
特徴：体側第5〜8体節のそれぞれの体節の間に3対の受精のう孔がある。腹面第14体節（環帯）に雌性孔。

フトミミズ科フトミミズ属

フキソクミミズ

Pheretima irregularis

体長 90〜130mm

時期 春〜秋（一年生）

成体。体色は茶色。埼玉県、8月。

腹面第14体節（環帯）に雌性孔、第18体節に雄性孔が1対ある（ないものもいる）。

分布：北海道から九州。
生息環境：森や林、林縁、道路わきの側溝など。
特徴：体側第6〜8体節のそれぞれの体節の間に2対の受精のう孔がある（ないものもいる）。形態の変異が多い。

フトミミズ科フトミミズ属

キクチミミズ

Pheretima schmardae

体長 50〜120mm

時期 春〜秋(一年生)

成体。体色は濃緑褐色で横縞模様。神奈川県、6月

腹面第14体節(環帯)に雌性孔、
第18体節に雄性孔が1対ある(矢印)。

分布:東北から九州。**生息環境**:山地、平地の森や林、公園の落ち葉の下、水田のあぜ道など。**特徴**:体側第7〜9体節のそれぞれの体節の間に2対の受精のう孔がある。小さなフトスジミミズのように見える。

フトミミズ科フトミミズ属

クソミミズ

Pheretima hupeiensis

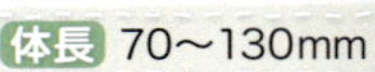

体長 70〜130mm

時期 越年生

土から掘り出した直後のクソミミズは、体をらせん状にくねらせることが多い。千葉県、10月。

分布:北海道から九州、沖縄。**生息環境**:草地、水田のあぜ道、公園の芝生などの土の中。**特徴**:体側第6〜9体節のそれぞれの体節の間に3対の受精のう孔がある。腹面第14体節(環帯)には雌性孔、第18体節に雄性孔がある。冬期は60cm以上も地下深くに潜るといわれる。

公園の芝生などでは、雨の翌日などに糞塊がよく見られる。

糞塊は、丸い糞粒がたくさん集まって山になっている。

フトミミズ科フトミミズ属

タマミミズ

Pheretima tamaensis

体長 60〜100mm

時期 春〜秋（一年生）

成体。体色は淡紫茶色。東京都、6月。

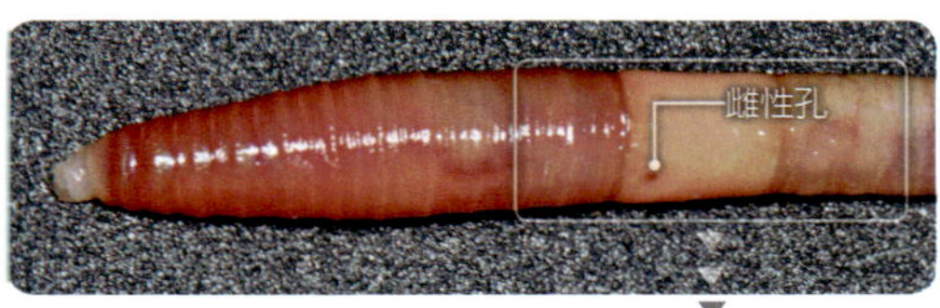

腹面第14体節（環帯）に雌性孔がある（矢印）。

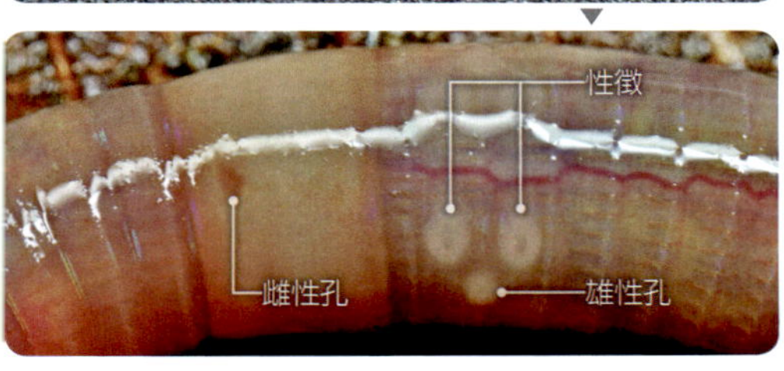

腹面第17〜19体節に2対の性徴、第18体節には雄性孔がある。

雑木林などの落ち葉の下でよく見つかる。

分布：東北、関東。他不明。
生息環境：平地や丘陵地などの森や林の土の中。
特徴：体側第6〜8体節のそれぞれの体節の間に2対の受精のう孔がある。

あるとき、丘陵地の雑木林で落ち葉をめくっていると、細くて小さなミミズが現れた。すぐに手にとって腹面を調べると、第17〜19体節に大きな玉状の性徴があった。

フトミミズ科フトミミズ属

アオキミミズ

Pheretima aokii

体長 60〜150mm

時期 春〜秋（一年生）

成体。体色は茶色。東京都、6月。

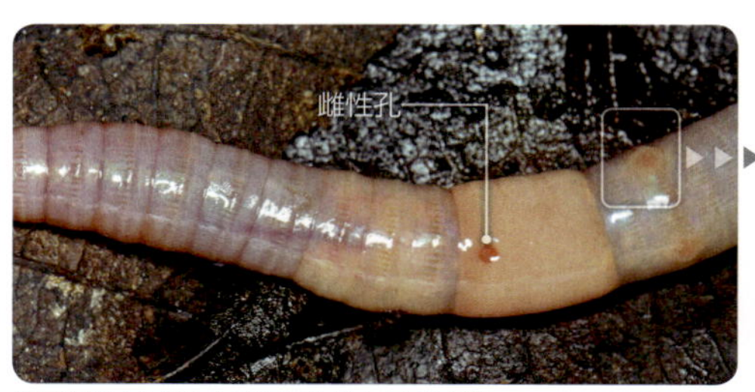

腹面第14体節には雌性孔がある（矢印）。

性徴（腹面第18体節）の拡大。

薄暗い雑木林の落ち葉の下でよく見つかる。

分布：本州、四国。
生息環境：平地や丘陵地の森や林、林縁の落ち葉の下など。
特徴：体側第6〜8体節のそれぞれの体節の間に2対の受精のう孔がある。雄性孔はない。関東地方では、8月に入ると個体数が急に減少する。実際に、ある場所で1年間、観察を続けたところ、アオキミミズをはじめ、ヒトツモンミミズ(p.18)やフトスジミミズ(p.17)も見られなくなった。

フトミミズ科フトミミズ属

シマチビミミズ

Pheretima okutamaensis

体長 60〜100mm

時期 春〜秋(一年生)

成体。体色は赤茶色に体節間がうす白く、赤縞模様に見える。シマミミズに似る。東京都、8月。

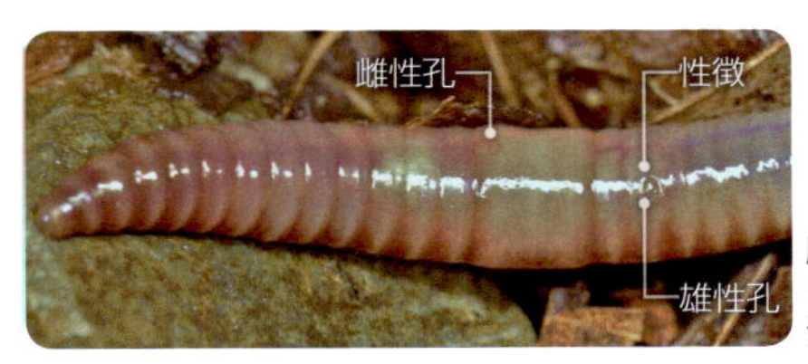

腹面第18体節に雄性孔と性徴がくっつくように並んでいる。第14体節(環帯)には雌性孔がある。

分布:関東。他不明。**生息環境**:山地の森や林の落ち葉の下など。**特徴**:体側第6〜8体節のそれぞれの体節の間に2対の受精のう孔がある。

フトミミズ科フトミミズ属

ニレツミミズ

Pheretima disticha

体長 60〜90mm

時期 春〜秋(一年生)

成体。体色は薄茶色。埼玉県、8月。

腹面第14体節(環帯)に雌性孔、第18体節に1対の雄性孔、また一般には第8·9体節に2列、第17〜20体節に2列の性徴がある。写真では第7〜9体節にも2列の性徴が見られ、変異もある。

分布:関東、中部。他不明。**生息環境**:山地の森や林の落ち葉の下など。**特徴**:体側第5〜9体節のそれぞれの体節の間に4対の受精のう孔がある。性徴の位置や数には変異がある。

フトミミズ科フトミミズ属

ノラクラミミズ

Pheretima megascolidioides

体長 150〜250mm

時期 越年生

成体。体色は茶色。東京都、7月。

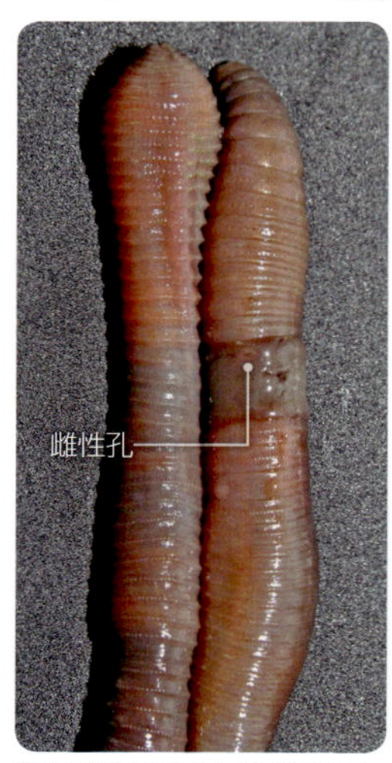

腹面前体部（右）と後体部（左）。第14体節には雌性孔、第19体節には雄性孔（ノラクラミミズの特徴）がある。フトミミズの仲間の雄性孔（1対）は普通、第18体節にある。

放置木の下にいたノラクラミミズ。

公園のじめじめした土の中でも見つかる。

分布：東北から九州。
生息環境：平地、丘陵地、公園の草地、落ち葉の下、放置された木やコンクリートの下など。
特徴：土の中から掘り出してしばらくそっとしておくと、尻のほうが肥大する。動きがのらりくらりと緩慢なことから、この名がついたという。

フトミミズ科フトミミズ属

イイヅカミミズ

Pheretima iizukai

体長 250〜450mm

時期 越年生

成体。体色は茶褐色に濃茶色の縞模様。東京都、5月。

夜間、巣穴から体を伸ばし、互いに腹面前体部をくっつけて交接する。ミミズは雌雄同体で、互いに精子を交換する。

土も食べる。

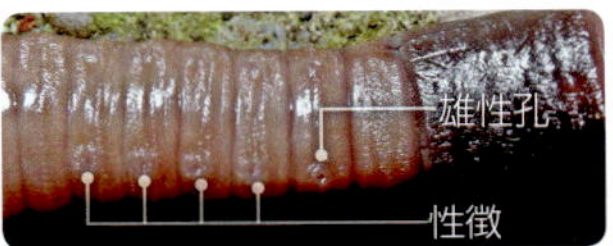

腹面第18体節に1対の雄性孔。第19〜25体節に性徴があることが特徴。写真では第19〜22体節にあり、数(対数)に変異が多い。

巣穴に落ち葉を立てたイイヅカミミズ。夜間、巣穴にひきこもうとしたもの。

分布:関東、中部。**生息環境**:山地や丘陵地の森や林、古くからある公園などの土の中。

特徴:大型のミミズ。体側第5〜9体節のそれぞれの体節の間に4対の受精のう孔がある。腹面第14体節(環帯)に雌性孔がある。晩秋の夜、巣穴から体を伸ばして落ち葉や土を食べる姿を見たことがある。

フトミミズ科フトミミズ属

タカオミミズ

Pheretima atrorubens

体長 200～350mm

時期 越年生

成体。体色は赤褐色。東京都、5月。

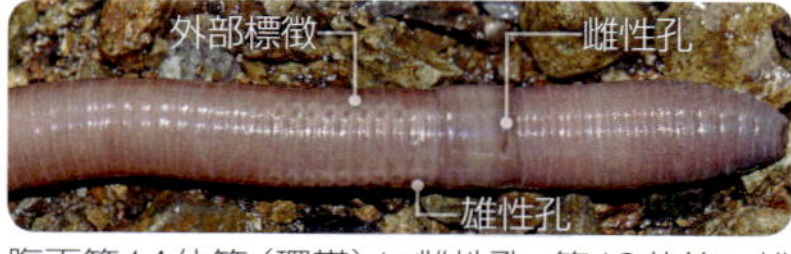

腹面第14体節（環帯）に雌性孔、第18体節に雄性孔、第19～26体節に外部標徴がある。

分布：関東、中部。他不明。
生息環境：山地の森や林の落ち葉の下など。
特徴：体側第5～9体節のそれぞれの体節の間に4対の受精のう孔がある。

フトミミズ科フトミミズ属

アカシマフトミミズ

Pheretima kunigamiensis

体長 170～270mm

時期 越年生

成体。体色は赤褐色で、淡い赤色の縞模様。沖縄県、9月。

沖縄島北部の生息地。

分布：沖縄北部、本部。
生息環境：森や林の落ち葉の下など。**特徴**：体側第6～9体節のそれぞれの体節の間に3対の受精のう孔がある。腹面第14体節（環帯）に雌性孔、第18体節に雄性孔、第7～9体節に性徴がある。

フトミミズ科フトミミズ属

ヤンバルオオフトミミズ

Pheretima yambaruensis

体長 210〜450mm

時期 越年生

成体。体色は黒紫褐色に薄茶色の縞模様。沖縄県、5月。

糞塊。

沖縄島北部の生息地。

分布：沖縄北部、本部。**生息環境**：森や林の落ち葉の下など。**特徴**：大型のミミズ。体側第6〜9体節のそれぞれの体節の間に3対の受精のう孔がある。腹面第14体節（環帯）に雌性孔、第18体節に雄性孔、雄性孔のそばに性徴（第9体節にもある）がある。

ミミズの生態を観察する

ツリミミズ科の剛毛。1体節に8本（4対）・（フトミミズ科は1体節に30本以上）。ミミズは伸び縮みによって移動するが、このときの剛毛の役割は大きい。剛毛は出たり引っ込んだりする。

ツリミミズ科の1種が、落ち葉の下で冬越し中。このミミズの腸管には、内容物などはなにも入っていないといわれる。

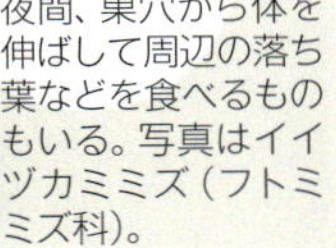

夜間、巣穴から体を伸ばして周辺の落ち葉などを食べるものもいる。写真はイイヅカミミズ（フトミミズ科）。

ムカシフトミミズ科

イソミミズ

Pontodrilus matsushimensis

体長 80〜120mm

時期 不明

成体。体色は淡赤灰色〜淡褐色。神奈川県、7月。

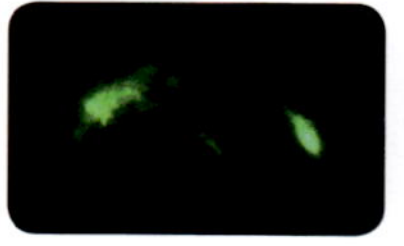

発光の様子。

海岸に打ち上げられた海藻の下などに見られる。

分布：本州、四国、九州。
生息環境：海辺の湿った砂地、海藻の下など。
特徴：刺激を受けると体液が出て、発光が見られる。神奈川県などでは、夏期によく見られる。

ムカシフトミミズ科

ホタルミミズ

Microscolex phosphoreus

体長 30〜50mm

時期 晩秋〜春

成体。体色は淡乳白色。広島県、12月。

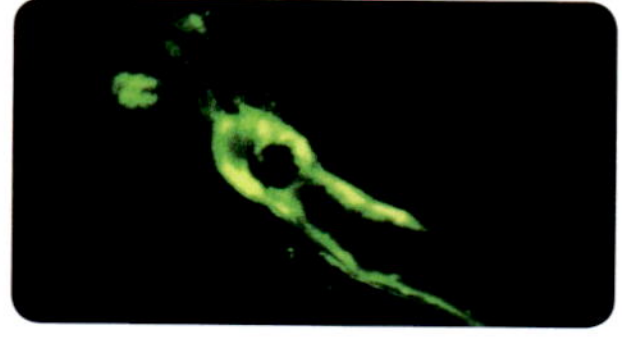

刺激を受けると体液が出て、発光タンパク質が空気中の酸素と触れることによって発光が見られる。

分布：本州、四国、九州。
生息環境：砂混じりの原っぱや公園、住宅地の庭など。
特徴：冬に発見されることが多い。発光するミミズで、夜間に地面をかき、目をこらしてじっくりと観察すると、光っている様子が確認できる。ホタルのように明るく点滅することはない。

ツリミミズ科

シマミミズ

Eisenia fetida

体長 60〜130mm

時期 越年生

雨の降った後、道路わきの側溝に集まったシマミミズ。東京都、6月。

成体。体色は赤褐色に薄赤色の縞模様。

卵包保護と考えられる。糞らしきもので卵包をおおう。大きさは10mmほど。

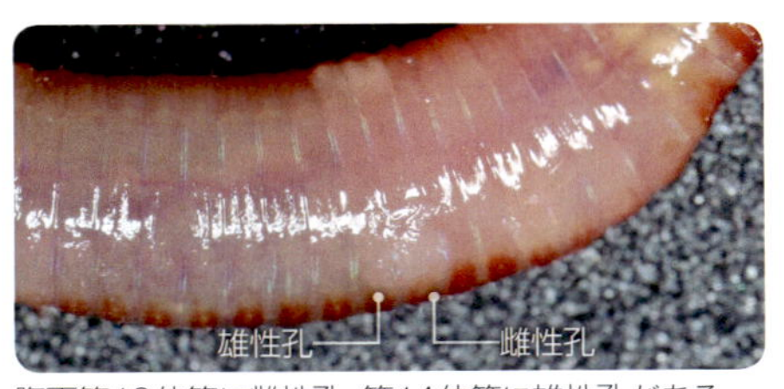

腹面第13体節に雌性孔、第14体節に雄性孔がある。

道路沿いでは雨が降った後などによく見られる。

分布：北海道から九州。

生息環境：平地から山地の森や林、林縁の落ち葉の下、草地、堆肥の中、人家やその周辺の湿り気のある空き地など。

特徴：体全体は赤褐色で、体節間の溝は淡色で縞模様。環帯は鞍状。昔から魚釣りの餌として広く知られる。肛門付近が黄色く見えるのは、サクラミミズ(p.30)と同じ特徴の1つ。

ツリミミズ科

カッショクツリミミズ

Allolobophora caliginosa

体長 60〜140mm

時期 越年生

成体。体色は褐色〜黒褐色(頭部は右側)。東京都、9月。

卵包。大きさは4mmほど。

腹面第13体節に雌性孔、第14体節に雄性孔がある。

分布:北海道から九州。**生息環境**:平地から山地の、林縁の落ち葉の下や草地。**特徴**:シマミミズやサクラミミズと同じ仲間だが、成体でも環帯が不明瞭で、どちらが頭かわからないほど。

ツリミミズ科

サクラミミズ

Eisenia japonica

体長 40〜130mm

時期 越年生

体色は乳白色〜淡赤褐色。北海道、7月。

分布:北海道から九州。**生息環境**:平地から山地の、林縁の落ち葉の下や草地。
特徴:シマミミズやカッショクツリミミズと同様、扁平で、環帯は鞍状。肛門付近が黄色く見えるのは、黄色い体液が透けて見えるもので、サクラミミズやシマミミズ(p.29)の特徴。腹面第13体節に雌性孔、第14体節に雄性孔がある。

ハッタミミズ

Drawida hattamimizu

体長 250〜700mm

時期 不明

土の中から掘り出し手にもつと、するすると伸びて700mmほどになる。体色は黒褐色。石川県、8月。

分布：北陸、滋賀県(琵琶湖周辺)。
生息環境：湿地や水田のあぜ道などの土の中。
特徴：日本にいるミミズでは最長。「稲作で水が必要な時期に田のあぜに穴を空けて壊し、水を流してしまう。そのため、このミミズが各地へ広まらないようにした」という話もある。ウナギの釣り餌として利用されてきた。

水田のあぜ道で見つけたハッタミミズの糞塊。

ハッタミミズの生息する石川県金沢市の水田風景。

コウラナメクジ科

チャコウラナメクジ

Ambigolimax spp.

体長 70〜80mm

体の背面前部に小さいが殻がある。東京都、5月。

チャコウラナメクジと透明な卵（3mmほど）。

チャコウラナメクジの殻。

ふ化したチャコウラナメクジ。約4〜5mm。

コンクリート片や石、放置木の下などで見られる。

※日本にはチャコウラナメクジのほか、外見的によく似た複数種が侵入し、定着している。

分布：日本各地。**生息環境**：人家周辺、公園、畑の植物の根もと、植木鉢や放置木の下など。**特徴**：ヨーロッパ原産で、日本各地に広がっている。体の両側に1本ずつ黒っぽい帯状の線がある。ナメクジ（p.34）に似るが、背面に小さな殻がある点で区別できる。主に植物質を食べる。

ナメクジ科

ハナタテヤマナメクジ

Meghimatium sp.

体長 51mm

雨の日の日中、ブナ林に生えたきのこを食べる。新潟県、7月。

分布：新潟県。**生息環境**：雑木林やブナ林などの枯れ木、倒木など。
特徴：体色は薄黄色味を帯びた淡色で斑紋はない。大触角は黒褐色で目立つ。

コウラナメクジ科

マダラコウラナメクジ

Limax maximus

体長 200mm

体が伸びると200mmに達する。茨城県、7月。

放置木の下にオカダンゴムシやワラジムシ、ヤスデなどとの同居も見られる。

分布：2006年、茨城県土浦市で初めて生息が確認された。群馬県、福島県、長野県、北海道などでも確認されている。**生息環境**：人家の庭やその周辺、コンクリート片やビニール、植木鉢や置物の下など。**特徴**：ヨーロッパ原産、ヒョウ柄の大型ナメクジ。湿気のあるところを好み、落下した柿の実などをよく食べる。インゲン豆やヒラタケなどの食害も確認されており、今後、農作物の被害が懸念される。

ナメクジ科ナメクジ属

ナメクジ

Meghimatium bilineatum

体長 40〜70mm

雨の日の夜、活動中の成体。藻類を食べている。東京都、10月。

1か所に数十個の卵塊をつくる（飼育個体、3月）。

卵はふ化するまでやわらかく、薄い皮を破って出てくる。

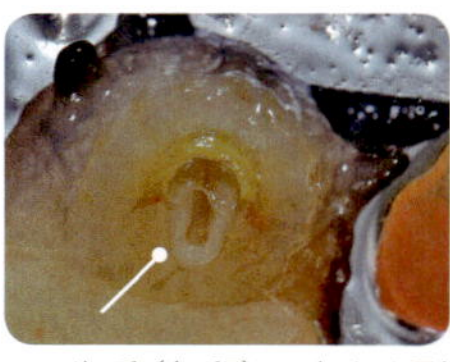

口。歯舌（矢印）の向きや形は自由に変えられる。

コンクリート壁の水抜き穴などで見かける。

歯舌で藻類を削りとって食べたあと。

分布：北海道から九州。
生息環境：住宅地やその周辺、コンクリート壁など。
特徴：最もよく知られているナメクジの仲間。体色は黒褐色で、頭部から後部にかけて濃褐色の縦線が目立つ。雑食性。

ナメクジ科ナメクジ属

ヤマナメクジ

Meghimatium fruhstorferi

体長 130〜160mm

灰褐色から黒褐色まで変異がある。体の両側に黒帯がある。東京都、11月。

ヤマナメクジの交接。

分布:本州、四国、九州、久米島。
生息環境:山地の森や林、公園。冬期は朽ち木、木の洞などで冬越しする様子が見られる。

特徴:大型のナメクジで、夏から秋にかけてきのこを食べる様子をよく見かける。

ナメクジ科ナメクジ属

ヤンバルヤマナメクジ

Meghimatium sp.(未記載種)

体長 100mm以上

分布:沖縄本島北部。
生息環境:山原(やんばる)のイタジイ林。
特徴:肉厚の大型種。体色は褐色が普通だが、黒い斑点をもつ個体もいる。触角は短く黒色。未記載種。

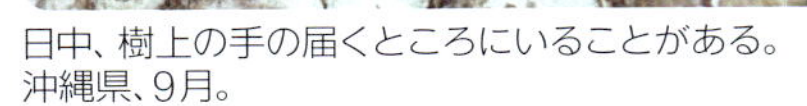

日中、樹上の手の届くところにいることがある。沖縄県、9月。

アフリカマイマイ科アフリカマイマイ属

アフリカマイマイ

Achatina fulica

体長 殻高115mm、殻径55mm

殻は卵状の紡錘形でかたく、巨大なマイマイ。沖縄県、9月。

分布:小笠原諸島、奄美諸島、琉球諸島。**生息環境**:平地の草地、樹上など。
特徴:東アフリカ原産で、食用として持ち込まれたものが野外で繁殖し、農作物や果樹へ被害を与えている。

オカクチキレガイ科オカチョウジガイ属

オカチョウジガイ

Allopeas clavulinum kyotoense

体長 殻高10mm、殻径3mm

キセルガイ科の幼貝かと思うほど小さく、透明な殻をもつ。東京都、5月。

分布:北海道、本州、四国、九州。
生息環境:平地の公園の落ち葉の下、朽ち木、石やコンクリート片の下など。
特徴:殻は白色で光沢がある。産卵期は、殻の外から卵が透けて見える。

ベッコウマイマイ科ベッコウマイマイ属

ヒラベッコウ

Bekkochlamys micrograpta

体長 殻高4.8mm、殻径9.6mm

落ち葉をめくるとその下から現れた。東京都、10月。

分布：本州、四国、九州。**生息環境**：森や林の落ち葉の下など。**特徴**：殻は半透明で、淡い黄褐色で光沢がある。森の中で落ち葉をめくっていると、よく出会うことがある。落ち葉の上をすべるように移動する様は、弱々しい印象。

ナンバンマイマイ科オオベソマイマイ属

オオケマイマイ

Aegista vatheleti

体長 殻高11～15mm、殻径20～28mm

殻色は黄褐色から淡褐色。東京都、10月。

分布：本州、四国。**生息環境**：山地の渓流沿いの落ち葉の下、倒木の裏など。
特徴：一見して“毛の生えたマイマイ”。殻は扁平で、黄褐色の地に黒褐色の斑点模様が入る。殻の周辺の毛のように見えているものは、鱗片状の剛毛。渓流沿いで移動している様子をまれに見ることがある。

ナンバンマイマイ科オナジマイマイ属

パンダナマイマイ

Bradybaena circulus circulus

体長 殻高16.5mm、殻径29mm

雨上がりの朝、ガードレールについた藻類を食べている。沖縄県、4月。

分布：沖縄、大東島。**生息環境**：林道沿いや人家周辺、畑など。
特徴：殻は低く巻いており、色は淡褐色～褐色。

ナンバンマイマイ科マイマイ属

ミスジマイマイ

Euhadra peliomphala peliomphala

体長 殻高19～22mm、殻径32～45mm

殻に3本の茶色い線が入るというのが名前の由来だが、実際には0～4本まで変異がある。東京都、9月。

分布：本州（関東・甲信地方）。**生息環境**：森や林の落ち葉の下、樹上、葉裏など。**特徴**：殻色には変異があり、帯の入り方も多様。関東地方では最もなじみ深いカタツムリ。朽ち木や腐りかけた落ち葉、藻類、コケ類などを食べる。

ナンバンマイマイ科マイマイ属

ヒダリマキマイマイ

Euhadra quaesita quaesita

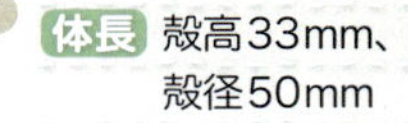

体長 殻高33mm、殻径50mm

きのこの傘の裏を食べる成貝。東京都、7月。

藻類を食べる幼貝。
殻に黒っぽい斑点が目立つ。

分布：東北から中部。
生息環境：平地から山地の森や林、林縁など。
特徴：成貝は大型で、名前の通り殻は左巻き、軟体部も太い。幼貝のときの黒っぽい斑点が薄く残る。

ナンバンマイマイ科ニッポンマイマイ属

ニッポンマイマイ

Satsuma japonica japonica

体長 殻高17mm、殻径19mm

タマゴタケを食べる成貝。東京都、7月。

イヌセンボンタケを食べる幼貝。
薄茶色の殻に薄黒い斑点がある。
殻高10mm、殻径15mmほど。

分布：東北から関西。**生息環境**：森や林、林縁、公園など。
特徴：殻は半透明で丸みを帯びた円錐形。成貝では、幼貝時の斑点が、薄黒い模様として浮き出る。

ナンバンマイマイ科ニッポンマイマイ属

オキナワヤマタカマイマイ

Satsuma eucosmia eucosmia

体長 殻高29mm、殻径27mm

日中、岩場で休むオキナワヤマタカマイマイ。道路沿いを歩いていても、生木の上でよく見かける。沖縄県、9月。

分布：沖縄本島。
生息環境：山沿いの崖、樹上などでよく見る。
特徴：殻が高い。殻色は淡黄色で、1〜2本の赤紫色の帯が入るが、ないものもいて、殻を取り巻く色彩の個体変異がある。

夜、スクミリンゴガイの産卵を観察する

初夏から秋、日が落ちて周囲が暗くなると、水中からイネ科植物の茎にのぼった。しばらくすると、薄いピンク色の卵が産みつけられた。数分後、2個目の卵が産みつけられ、その後も同じ間隔で次々と産卵が続いた。卵は茎の上から下へ産みつけられていき、最後は茎を取り巻くようにピンク色の塊ができた。高知県、5月。

卵は1個ずつ茎に押しつけるようにして塊にしていく。

イネの茎に産みつけられた卵塊。

スクミリンゴガイの幼貝と成貝の死骸（農薬による）。

ヤマタニシ科アオミオカタニシ属

アオミオカタニシ

Leptopoma nitidum

体長 殻高17.5mm、殻径17mm

アズキガイ(p.42)同様、触角の付け根に眼がある。沖縄県、9月。

分布:沖縄、八重山、奄美(与論島)。**生息環境**:植物の葉上でよく見かける。
特徴:殻は乳白色で、緑色の軟体部が殻を通して見える美しいカタツムリ。フタをもつカタツムリで、移動時にはフタは軟体部の背にのせた格好になる。

リンゴガイ科

スクミリンゴガイ

Pomacea conaliculata

体長 殻高60mm、殻径50mm

一般に「ジャンボタニシ」の名でも知られる。熊本県、8月。

若いイネ科植物の根本付近を食べるスクミリンゴガイ。

分布:千葉、四国、九州など。
生息環境:水田。
特徴:食用として南アメリカから入ってきた移入種で、淡水生の巻き貝。生育初期のイネやハスなどを食害する。

アズキガイ科アズキガイ属

アズキガイ

Pupinella rufa

体長 殻高9〜12mm、殻長4.5〜5.5mm

農作物の小豆に殻の色や形が似ていることからこの名がついた。熊本県、9月。

分布：本州、四国、九州、対馬、トカラ列島。**生息環境**：シイ、タブ、カシ類の落ち葉の下、朽ち木など。**特徴**：フタをもつ貝で、成貝は殻口の両側に深い切れ込みがある。眼は触角の付け根にある。

オカモノアラガイ科オカモノアラガイ属

オカモノアラガイ

Succinea lauta

体長 殻高22mm、殻径14.5mm

成貝。北海道、7月。

落ち葉の下などに数十個の卵が1つの塊として産みつけられる。

分布：北海道から本州（関東以北）。**生息環境**：草地、水辺の草の葉上など。**特徴**：殻口は広く、移動中などは軟体部が大きく張り出しているように見える。池や沼、水たまりにすむサカマキガイに似る。

ウシオワラジムシ科ヒイロワラジムシ属

ニッポンヒイロワラジムシ

Littorophiloscia nipponensis

体長 4.7mm

雄（左）と雌（右）。一見して雄は雌よりもひと回り小さい。富山県、4月。

分布：日本海側の各地、茨城県から熊本県。**生息環境**：海岸の潮のかかる砂地。**特徴**：体色は朱色。体長5mm以下で、ワラジムシ（p.45）の幼体にも見えるかわいいワラジムシ。交接は、雌雄が互いに腹面をくっつけて行われる。

ナガワラジムシ科ナガワラジムシ属

ナガワラジムシ

Haplophthalmus danicus

体長 4mm

一見、体の白いワラジムシの幼体のように見える。東京都、2月。

分布：宮城県、山形県から大阪府にかけての本州中北部。**生息環境**：森や林、公園の落ち葉の下、朽ち木など。**特徴**：小さいのでワラジムシの幼体のように見える。1対の複眼、1対の触角、7対の脚をもつ。体色は薄黄色のものが多い。

タマワラジムシ科タマワラジムシ属

ニホンタマワラジムシ

Alloniscus balssi

体長 10mm

背面はオカダンゴムシのように丸みを帯び、つやがある。ワラジムシのようにゴツゴツとした突起はない。千葉県、11月。

海岸近くの岸壁のすき間などでも見られる。

分布：新潟県、福島県から鹿児島県大隈諸島。**生息環境**：自然海岸の潮のかかる砂地から海岸林の落ち葉の下。**特徴**：体色は黒褐色で、緑色を帯びるものもいる。

ウミベワラジムシ科ハマワラジムシ属

ニホンハマワラジムシ

Armadilloniscus japonicus

体長 5.5mm

砂利の多い海岸で、こぶし大の石の下などによく見られる。動きは遅い。千葉県、11月。

分布：青森県から鹿児島県。**生息環境**：海岸の砂利の間、海水がしみ出る場所。**特徴**：体色は赤紫色。ひと目でワラジムシの仲間とわかる形。頭部中央がとがった鼻のようになっている。

ワラジムシ

Porcellio scaber

体長 12mm

タマゴタケを食べるワラジムシ。北海道、8月。

正面顔のアップ。

分布：北海道、本州、徳島県、愛媛県など。**生息環境**：住宅地、公園、畑、森や林などの古い放置木、コンクリート片の下、落ち葉の下など。**特徴**：オカダンゴムシ(p.48)と間違える人もいるが、体を丸めることはできない。体の表面にゴツゴツした突起があり、正面から見ると違いがよくわかる。

ワラジムシの1種
薄い白色の体に薄い黒色の斑紋がある個体。本来、ワラジムシの持っている色素を欠き、変異が生じたと考えられる。東京都、10月。

体色は灰褐色、あるいは暗褐色のものをよく見るが、濃紺色のワラジムシも見かけることがある。青色のオカダンゴムシ同様、イリドウィルスの感染によるものと思われる。神奈川県、10月。

ワラジムシ科ワラジムシ属

クマワラジムシ

Porcellio laevis

体長 20mm

よく見かけるワラジムシより体長、幅ともに大きい。沖縄県、4月。

分布：西日本、大阪府、兵庫県南部、山陽、九州、沖縄など。**生息環境**：沖縄では海岸の公園など、植栽の中などにも見られる。**特徴**：体色は黒褐色で、体の幅はワラジムシよりやや広く、全体的にひと回り大きい。

ワラジムシ科ホソワラジムシ属

ホソワラジムシ

Porcellionides pruinosus

体長 13mm

オカダンゴムシ（左）とホソワラジムシ。熊本県、5月。

分布：本州中部（新潟県、千葉県）以南、四国、九州、小笠原諸島、琉球列島。**生息環境**：人家周辺の落ち葉の下、古い放置木、コンクリート片の下、堆肥の中など。**特徴**：体色は赤紫色、あるいは赤褐色。ほかのワラジムシに比べて体が白っぽく見え、他種との違いがわかる。

ハマダンゴムシ科ハマダンゴムシ属

ハマダンゴムシ

Tylos granuliferus

体長 20mm

神奈川県、5月。

熊本県、7月。

体色が砂に同化している。沖縄県、5月。

千葉県、4月。

海岸に打ち上げられた海藻を食べている。神奈川県、5月。

北海道、5月。

砂の中で冬越し中のハマダンゴムシ。神奈川県、1月。

分布：日本各地。**生息環境**：海辺の砂浜。静かな入江の砂浜などに多い。関東地方では冬期、海水の直接かからない砂浜の流木の下や、砂の中数10cmのところに球状になったハマダンゴムシを見ることがある。**特徴**：体色の変異に富み、灰色、橙色、白黒など。体は完全に丸くなる。

オカダンゴムシ科オカダンゴムシ属

オカダンゴムシ

Armadillidium vulgare

体長 14mm

移動するときは触角を常に動かす。東京都、5月。

雄の腹部には交尾器がある。

まれに見る体色変異のオカダンゴムシ。

雌の腹部。

腹面に幼体をかかえた雌。

分布：北海道から沖縄。**生息環境**：住宅地やその周辺の公園、森や林の落ち葉の下。**特徴**：体は完全に丸くなる。淡褐色から黒に近い色、背面に黄色い斑紋のあるもの、透明なクリーム色など体色の変異があって興味深い。落ち葉など植物、昆虫や乾燥した動物の死骸などを食べる雑食性。

オカダンゴムシ科オカダンゴムシ属

ハナダカダンゴムシ

Armadillidium nasatum

体長 13mm

2011年夏、前橋市でも発見された。群馬県、7月。

公園などの落ち葉の下にワラジムシやオカダンゴムシと一緒にいることがある。

分布：横浜市、神戸市、富山市、草津市、前橋市、山梨県道志村、八王子市など。**生息環境**：限られた場所の公園、住宅地など。ワラジムシやダンゴムシと同じような環境。**特徴**：体色は灰色で、オカダンゴムシに比べ、頭部中央がつき出ていて目立つ。

コシビロダンゴムシ科タマコシビロダンゴムシ属

トウキョウコシビロダンゴムシ

Spherillo obscurus

体長 8.5mm

コシビロダンゴムシの仲間は、朽ち木でもよく見られる。東京都、10月。

分布：関東地方。**生息環境**：森や林、公園などの朽ち木、落ち葉の下など。**特徴**：体色は黒褐色で、淡色の模様が入る。第1～7体節の背面側縁部にある剛毛が、第1・4体節には内側にある。腹尾節は、その後端が広がる。

コシビロダンゴムシ科タマコシビロダンゴムシ属

シッコクコシビロダンゴムシ

Spherillo sp.

体長 7.5mm

落ち葉の下から出てきたシッコクコシビロダンゴムシ。鳥取県、5月。

分布：北陸、関東から九州。**生息環境**：平地から山地の森や林の朽ち木、落ち葉の下など。**特徴**：体色は黒褐色で、淡色の模様が入る。腹尾節は、その後端が広がる。以前はセグロコシビロダンゴムシとされていた。

フサヤスデ科ニホンフサヤスデ属

ハイイロチビケフサヤスデ

Eudigraphis takakuwai kinutensis

体長 約2.5mm

大小いることから、成長過程の個体が一緒に暮らしていることがわかる。東京都、11月。

プラタナスの樹皮下にいた。尻には筆状の毛がある。東京都、11月。

分布：本州（主に関東地方）。**生息環境**：ケヤキの樹皮下など。**特徴**：表皮はやわらかく、頭と11胴節からなり、歩肢は13対。夏に産卵し、ふ化後、5～6齢幼体で越冬し、翌年の初夏に成体になる。

フサヤスデ科ニホンフサヤスデ属

イソフサヤスデ

Eudigraphis takakuwai nigricans

体長 約3.5mm

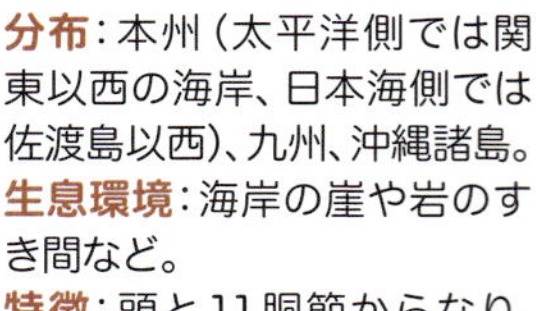

尻には筆状の毛がある。神奈川県、7月。

分布：本州（太平洋側では関東以西の海岸、日本海側では佐渡島以西）、九州、沖縄諸島。
生息環境：海岸の崖や岩のすき間など。
特徴：頭と11胴節からなり、歩肢は13対。各胴節の背面には剛毛の列が左右に分かれて生える。

卵は体から落とした剛毛でおおわれる。神奈川県、7月。

海岸の岩崖などでよく見られる。

フサヤスデ科ニホンフサヤスデ属

ウスアカフサヤスデ

Eudigraphis takakuwai

体長 2.5〜4.5mm

尻には筆状の毛がある。千葉県、12月。

岩崖のすき間などでも見られる。

分布：不明。**生息環境**：平地の森や林、林縁の落ち葉の下、樹皮下、海岸近くの岩壁のすき間など。**特徴**：頭と11胴節からなり、歩肢は13対。全身にふさ状の毛が生えており、これがフサヤスデの名前の由来となっている。

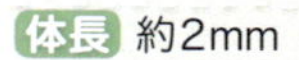

フサヤスデ科シノハラフサヤスデ属

シノハラフサヤスデ

Polyxenus shinoharai

体長 約2mm

海岸近くの岩壁のすき間に集まったシノハラフサヤスデ。千葉県、1月。

分布：本州（千葉県房総半島）。**生息環境**：海岸近くの森や林の林縁から岩礁域。**特徴**：頭と11胴節からなり、歩肢は13対。5個の単眼が集まった眼が左右にある。各胴節の背面に生える剛毛は左右で分かれない。尻には筆状の毛がある。

タマヤスデ科タマヤスデ属

タマヤスデ属の1種

Hyleoglomeris sp.

体長 5〜10mm

成体とその糞。東京都、9月。

きのこの生える朽ち木の表面を食べている。東京都、9月。

球状になるがオカダンゴムシと異なりいびつな形。東京都、9月。

分布：本州以南。**生息環境**：落ち葉の下や、朽ち木でよく見られる。**特徴**：オカダンゴムシ(p.48)に間違われることがある。歩肢は、雌は17対、雄は19対。

ピンポン玉サイズのタマヤスデ

大玉のタマヤスデは、熱帯の森や林にすむタマヤスデの仲間で、東南アジア産（詳細は不明）。

大きな眼が両端に、大きな角のような触角が1対と、ウシのような顔に見える。日本のタマヤスデ属と姿形はそっくり。

丸まると、どこが頭でどこがお尻かわからないほど、しっかりとかたまる。手の上に乗せると、重さを感じるほどだ。

ミコシヤスデ科

ミコシヤスデ科の1種

Diplomaragnidae sp.

体長 15〜20mm

朽ち木の皮をはぐと、休んでいる姿が見られる。東京都、11月。

分布：不明。**生息環境**：森や林の落葉層に多いが、朽ち木などで見かけることもある。**特徴**：背板のへりは盛り上がり、そこに3対の剛毛がある。体全体が棘だらけに見える。動きは速い。

ハガヤスデ科ハガヤスデ属

ハガヤスデ

Ampelodesmus granulosus

体長 5〜7mm

背面が暗緑色か灰緑色で、腹面や歩肢は白色。埼玉県、4月。

アメイロケアリの巣にいるハガヤスデ。

分布：本州、四国、九州。**生息環境**：アリの巣に共生する。倒木など朽ち木でも見られる。**特徴**：アリの巣では、移動するハガヤスデの前をアリが横切っても平然と進行するなど、両者とも無関心。

ヒラタヤスデ科アカヒラタヤスデ属

アカヒラタヤスデ

Symphyopleurium hirsutum

体長 9〜30mm

朽ち木の裏で目につきやすい。
静岡県、6月。

分布：関東以西、四国。**生息環境**：倒木など朽ち木の下。**特徴**：体は細長く鮮やかなピンク色。森の中で朽ち木を転がすと、その裏にピンク色の塊があり、その鮮やかさに驚かされる。

倒木の裏に生えた菌類を食べている。

ヒラタヤスデ科ヒラタヤスデ属

ヒラタヤスデ

Brachycybe nodulosa

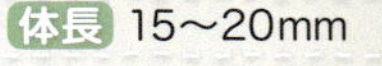

体長 15〜20mm

幼体は薄黄色で小さいが、姿は成体そっくり。東京都、6月。

分布：関東以西、四国、九州。**生息環境**：アカヒラタヤスデ属と同様に倒木、朽ち木の下など。**特徴**：雄が抱卵することが知られている。体は鮮やかなオレンジ色で、頭部に触角が1対。コケ類やカビなどを食べる。

ババヤスデ科アマビコヤスデ属

アマビコヤスデ

Riukiaria semicircularis semicircularis

体長 40～55mm

背は緑灰色、黄色、灰色、オレンジ色のものなどがいる。熊本県、11月。

分布：本州中部以西、四国、九州。**生息環境**：森や林など。**特徴**：ミミズを探してスギ林の林縁で落ち葉をかいていると突然、現れる。体を丸くして動かないときもある。緑灰色の体に黄色の歩肢が美しい。

オビヤスデ科オビヤスデ属

オビヤスデ属の1種

Epanerchodus sp.

体長 10～35mm

背板のへりが後ろ向きに鋭角。埼玉県、3月。

ヤスデの仲間を探すには、朽ち木をゆっくりと転がし、地面に接していた面を隅々までしっかり見る。

分布：不明（埼玉県飯能市の森林内で確認）。**生息環境**：朽ち木の皮などを静かにはがすと、糞塊の側にいることがある。**特徴**：背板の色は赤褐色、または白色。

ババヤスデ科ババヤスデ属

キシャヤスデ

Parafontaria laminata armigera

体長 約40mm

大量発生したキシャヤスデ。いつもは落ち葉やコケ類などを食べているが、このときばかりは、摂食している様子は見られない。長野県、10月。

鉄道の線路上に現れたキシャヤスデ。JR小海線、10月。

一夜にして地肌がヤスデの排泄した糞で埋め尽くされた。ヤスデと聞くと一般的に嫌う人が多いが、一夜にして大量の土をつくるなど、働き者である。

夜間、同じような時間帯に大量発生を数日間、くり返す。

分布：本州。**生息環境**：山地の森や林の落ち葉の下、土の中など。**特徴**：幼体は土の中で年に1回脱皮し、7回目で成体になる。8年ごとに大量発生することでよく知られる。特に1976年のJR小海線の列車を止めたヤスデの大量発生は有名で、和名の由来にもなっている。大量発生は9〜10月によく見られる。

ヤケヤスデ科ヤケヤスデ属

ヤケヤスデ

体長 10〜25mm

Oxidus gracilis

ケヤキの根元近くに集まっているヤケヤスデ。

糞を囲うように休むヤケヤスデ。東京都、11月。

分布：日本各地。**生息環境**：平地の住宅地、田や畑、樹皮下など人為的な環境下でよく見られる。**特徴**：夜間、宅地のコンクリート塀などに大量発生することがある。重なり合って移動する個体もいて、それは交尾前の行動のようだ。ヤケヤスデの仲間は日本に10属20種が知られる。

ヤケヤスデ科トサカヤスデ属

ヤンバルトサカヤスデ

体長 25〜30mm

Chamberlinius hualienensis

沖縄本島の高速道路パーキングの側溝に大量発生していたヤンバルトサカヤスデ（1992年、12月）。

沖縄本島北部の森で夜間に活動していたヤンバルトサカヤスデ。

分布：本州、四国、九州、南西諸島。台湾からの移入種と考えられている。**生息環境**：森や林、林縁、落ち葉の下など。**特徴**：ヤケヤスデと同じように、人家や住宅地に大量発生することがある。

シロハダヤスデ科マクラギヤスデ属

マクラギヤスデ

Niponia nodulosa

体長 30mm

マクラギヤスデと産卵室（排泄物で作る）。埼玉県、11月。

交尾。雄と雌が前体部をくっつけ精包の受け渡しを行う。

卵塊と産卵室の内部の様子（飼育個体）。

産卵室と同様に排泄物で作られた脱皮室。

ふ化して間もない幼体。体長は3mmほど。歩肢は3対。

分布：関東以西、九州、沖縄島。

生息環境：森や林、公園などの朽ち木、落ち葉や放置された板切れなどの下。

特徴：背板の間にすき間があり、体は扁平で鉄道線路の枕木に似ることからこの名がついた。成体になるまでに数回の脱皮をくり返すが、そのたびに脱皮室を作る。ヤスデの仲間は、はじめの3つの胴節の各節に1対ずつ、それ以降の胴節には2対ずつの歩肢がある。

シロハダヤスデ科シロハダヤスデ属

シロハダヤスデ属の1種

体長 10〜15mm

Kiusiunum sp.

タマヤスデ属の1種（左）とシロハダヤスデ属の1種。東京都、4月。

分布：本州、四国、九州、屋久島。**生息環境**：倒木や落ち葉の下など。
特徴：マクラギヤスデに似るが、背板は粉を吹いたようなつやのない白色。土壌動物の中で白い体はひときわ目立つ。

マルヤスデ科マルヤスデ属

ヤエヤママルヤスデ属の1種

体長 80〜100mm

Spirobolus sp.（未記載種）

飼育個体。

分布：八重山諸島。**生息環境**：湿気のある林内の落ち葉の下など。**特徴**：体色は黒色地に、各胴節の後縁が赤い帯となって、全体的につやがある。ほかのヤスデに比べて太くてたくましく、美しい。コケなどを食べると考えられる。未記載種。

ホタルヤスデ科

ホタルヤスデ科の1種

Mongoliulidae sp.

体長 20〜50mm

朽ち木の皮をはがすと、渦巻き状の姿を見かけることがある。東京都、4月。

分布：北海道から東海地方。
生息環境：森や林の落ち葉や朽ち木の下など。**特徴**：黄褐色の体の側面の、頭部の近くから尾にかけて赤い点が並ぶ美しいヤスデ。

クロヒメヤスデ科クロヒメヤスデ属

クロヒメヤスデ

Karteroiulus niger

体長 50〜60mm

スギのはがれかかった樹皮下などでよく見られる。東京都、10月。

分布：本州、四国、九州。
生息環境：落ち葉の中や生木の樹皮下、朽ち木の上など。
特徴：体色はつやのある黒褐色。動きは速い。朽ち木や倒木では、きのこやカビなどを食べている。

ベニジムカデ科（新称）ベニジムカデ属

ベニジムカデ属の1種

体長 10〜40mm

Strigamia sp.

鮮やかな赤い体で美しい。頭部は小さくて丸い。種によっては黄色いものもいる。
東京都、7月。

分布：東北地方に多い。**生息環境**：落ち葉の下や朽ち木、生木の樹皮下など。
特徴：体色は朱紅色のものが多い。胴節の幅は中央で最も太くなる。
肉食で、昆虫やクモなどを捕らえて食べる。

ムカデ（アオズムカデ）とヤスデ（ヤケヤスデ）の違いとは？

オオヒラタシデムシの蛹を捕食するアオズムカデ。1つの胴節に歩肢は1対。東京都、6月。

一見してムカデより歩肢が多いヤケヤスデの1種。沖縄県、4月。

アオズムカデ（体長80〜110mm）は、長いむちのような1対の触角、頭の両側にそれぞれ4個の単眼の集まり、毒を出す大きなあごをもつ。歩肢は21対で、胴節のそれぞれに1対の歩肢がある。

一方、ヤケヤスデの1種（体長10〜25mm）は、ムカデのような大きなあごはない。触角（1対）は短く、眼はない。胴節は20節で、頭に近い3胴節には1対の歩肢、そのあとの胴節には1胴節に2対の歩肢がある。

アカムカデ科アカムカデ属

アカムカデ

Scolopocryptops nipponicus

体長 60mmに達する

成体。東京都、11月。

ミミズを捕食するアカムカデ。

分布：日本各地。**生息環境**：森や林、人家の周辺、放置された朽ち木など。**特徴**：体色は暗褐色。触角は17節で、基部第3節から密毛が生える。背板の2本の縦溝線はないか、あっても後縁に短いものがあるのみ。眼はない。肉食性。

アカムカデ科アカムカデ属

ヨスジアカムカデ

Scolopocryptops quadristriatus

体長 60mmに達する

成体。東京都、11月。

分布：日本各地。**生息環境**：森や林、人家の周辺、放置された朽ち木など。
特徴：体色は暗褐色。触角は17節で、基部第3節から密毛が生える。背板の2本の縦溝線はなく、第7～20背板に4本の縦隆起線がある。眼はない。肉食性。

アカムカデ科アカムカデ属

セスジアカムカデ

Scolopocryptops rubiginosus rubiginosus

体長 60mmに達する

成体。
東京都、11月。

分布：日本各地。**生息環境**：森や林、人家の周辺、放置された朽ち木など。
特徴：体色は暗褐色。触角は17節で、第5、6〜20背板まで2本の縦溝線がある。歩肢は23対で眼はない。肉食性。

オオムカデ科オオムカデ属

トビズムカデ

Scolopendra mutilans

体長 110〜130mm

シーボルトミミズの死がいを食べるトビズムカデ。熊本県、6月。

頭板が赤褐色（鳶色）で、トビズ（鳶頭）の名前の由来。頭の両側にそれぞれ4個の単眼の集まりがある。東京都、10月。

分布：北海道を除く日本各地。
生息環境：森や林、人家の周辺、放置された朽ち木など。
特徴：赤褐色の頭に赤いむちのような触角と大きなあごをもつ。
背板は暗緑色で歩肢は赤色。かまれると激痛を感じてはれる。肉食性。

オオムカデ科オオムカデ属

アオズムカデ

Scolopendra japonica

体長 80〜110mm

アオズムカデの頭板は暗緑色。東京都、7月。

抱卵するアオズムカデ。写真では、卵からかえった幼体を包み込むようにして保護している。東京都、7月。

幼体。この時期に親の保護がないと死んでしまう。神奈川県、7月。

分布:北海道を除く日本各地。**生息環境**:森や林、人家の周辺、放置された朽ち木など。
特徴:頭板と背板は暗緑色で、歩肢は赤褐色。かまれるとトビズムカデ(p.63)同様に激痛を感じてはれる。肉食性。

ナガズジムカデ科ナガズジムカデ属

ゴシチナガズジムカデ

Mecistocephalus diversisternus

体長 約60mm

体色は黄褐色、頭板は濃赤褐色で細長い。歩肢はトビズムカデやアオズムカデに比べて短い。東京都、7月。

分布：日本各地。**生息環境**：森や林の落ち葉や倒木、石の下など。**特徴**：歩肢が57対または59対あることから、「ゴシチ（57）」という名がついた。ほかに歩肢が45対のシゴナガズジムカデ、49対のオキナワナガズジムカデなどが知られる。

トゲイシムカデ科ゲジムカデ属

ゲジムカデ

Esastigmatobius japonicus

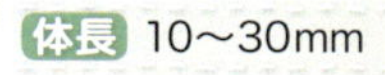

体長 10〜30mm

ヒトフシムカデ属（p.66）に似るが、ひと回り大きい。青森県、10月。

分布：日本各地。**生息環境**：森や林の落ち葉の下や朽ち木など。**特徴**：体色は濃紫褐色で、単眼1対、歩肢は小節に分節し、しなやかで長い。よく見ればオオムカデやジムカデと間違えることはない。

イシムカデ科ヒトフシムカデ属

ダイダイヒトフシムカデ

Monotarsobius eleganus

体長 5〜8mm

体は黄褐色で光沢がある。東京都、5月。

分布:日本各地。**生息環境**:森や林の落ち葉の下や、土の中など。**特徴**:ムカデの仲間では小さく幼体と見間違えるほどだ。頭部両側の眼は、それぞれ1列に4個ずつ並ぶ。

イシムカデ科ヒトフシムカデ属

ヒトフシムカデ属の1種

Monotarsobius sp.

体長 10mm以下が多い

ムカデの仲間の幼体と思われそうだが、これでも成体。東京都、5月。

分布:日本各地。**生息環境**:森や林の落ち葉の下や、土の中など。
特徴:体は小さく、淡黄色、紫褐色、紅褐色のものがいる。
ヒトフシムカデ属は、研究途上にある。

ゲジ科オオゲジ属

オオゲジ

Thereuopoda clunifera

体長 60〜70mm

歩肢と触角が長い。冬期、洞穴などに群れで過ごしている姿を見かける。
長崎県、7月。

分布：関東地方以南。**生息環境**：洞穴や樹木の洞や人家など。**特徴**：背面全体は黒色で、背板の後縁中央に鮮やかな1つの点のような橙色部が入る。オオゲジは日本産としてはこの1種のみ。動きはすばやい。肉食性。

ゲジ科ゲジ属

ゲジ

Thereuonema tuberculata

体長 30mm

体はオオゲジに似るが、体長は半分ほど。背面に並ぶ橙色部がオオゲジに比べて離れていることで見分けられる。東京都、12月。

分布：日本各地（北海道には少ない）。**生息環境**：家屋内や人家周辺の空き地に放置された木の下など。**特徴**：背面全体に3本の黒い線が入り、背板の後縁中央に2つの点のような橙色部が入る。

イボトビムシ科アカイボトビムシ属

スタックアカイボトビムシ

Lobella(Lobellina) stachi

体長 3.5mm

体は扁平でいぼ状の突起がある。跳躍器はない。埼玉県、5月。

分布：本州（関東以西）、四国、九州。**生息環境**：森や林の朽ち木や、落ち葉の下など湿ったところ。**特徴**：口吻はつき出てはいない。背面のイボや毛の付き方などで見分けられるが、種の同定は難しい。

イボトビムシ科アカイボトビムシ属

アカイボトビムシ属の1種

Lobella sp.

体長 1.8〜4mm

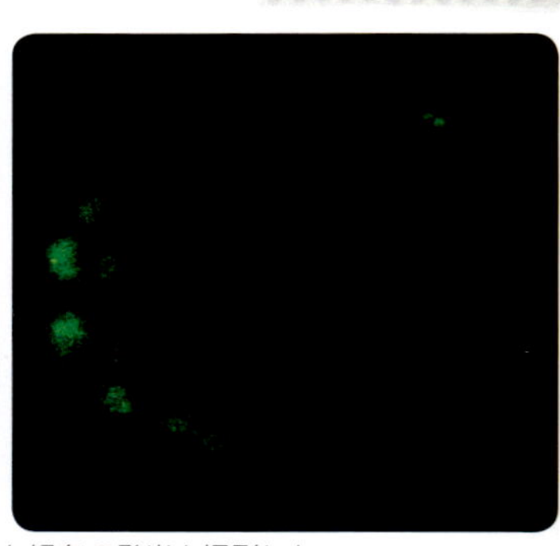

腹部末端から腹側の前体部にかけて、わずかな緑色の発光を撮影した。
高感度撮影で5分以上露光。東京都、10月。

分布：日本各地。**生息環境**：朽ち木や落ち葉の下など湿った場所でよく見られる。
特徴：体形は楕円形で扁平。背面に半球状や乳頭状のイボがある。白い種もいる。刺激を受けると、発光するものもいる。

イボトビムシ科アオイボトビムシ属

オオアオイボトビムシ

Morulina alata

体長 3〜5mm

きのこの傘の上にいるオオアオイボトビムシ。青森県、10月。

分布:北海道、本州。**生息環境**:森や林の落ち葉の下や、朽ち木など。**特徴**:体色は背面が濃青色で、腹面はやや淡色。背面のイボは半球状で高く、各イボに長い剛毛が数本ある。跳躍器は退化している。

シロトビムシ科

シロトビムシ亜科の1種

Onychiurinae sp.

体長 0.4〜3mm

体に色素がない。眼もなく跳躍器も退化しており、分類上の区別が難しい。東京都、5月。

分布:日本各地。
生息環境:森や林の落ち葉の下や、朽ち木など。
特徴:真っ白で、色素をもたないトビムシ。体は細長く、体表は顆粒状で短い毛がまばらに生える。眼はなく、跳躍器も退化していてない。この仲間は、土壌や堆肥中などの湿った場所を好み、腐植食性。

トゲトビムシ科

トゲトビムシ科の1種

Tomoceridae sp.

体長 3〜4mm

体全体が鱗粉でおおわれ、ところどころに長い毛が生えている。東京都、10月。

跳躍器は3つに分節し、1･2節の内側に太いトゲが並び、これが科名の由来。

分布：日本各地。**生息環境**：森や林の落ち葉の下、朽ち木、生木の樹皮下など。
特徴：体表は毛と鱗粉でおおわれ、体色は灰色から薄茶色。触角や肢、跳躍器はよく発達して長い。活発に動く。

ツチトビムシ科ツチトビムシ属

ミドリトビムシ

Isotoma viridis

体長 約3mm

体は筒状で黄緑色。毛がふさふさと生えていて、見分けやすい。東京都、10月。

分布：日本各地。**生息環境**：森や林の落ち葉の下など。
特徴：体は薄緑色の地に体毛がある。体色は緑色のものが多いが、変異もある。秋の雑木林で落ち葉を静かにめくると、このようなトビムシによく出会う。

クモマルトビムシ科ニシキマルトビムシ属

シママルトビムシ

Ptenothrix denticulata

体長 1.5mm

小さなきのこの傘を食べるシママルトビムシ。東京都、10月。

分布：本州、伊豆諸島、沖縄。**生息環境**：森や林の落ち葉の下など。
特徴：体は白地に茶褐色の縞が目立つ。背面中央にU字紋があり、腹部後縁には3個の斑紋がある。触角は全体が赤みがかった青色。

クモマルトビムシ科ニシキマルトビムシ属

セグロマルトビムシ

Ptenothrix corynophora

体長 2mm

イヌセンボンタケを食べるセグロマルトビムシ。東京都、6月。

変形菌を食べるセグロマルトビムシ。東京都、9月。

分布：日本各地。
生息環境：森や林の朽ち木など。
特徴：体は金属光沢のある黒紫色。頭部、肢、跳躍器は白色か薄茶色。頭部には藍色の帯が1〜2本ある。

クモマルトビムシ科クモマルトビムシ属

コシジマルトビムシ

Dicyrtomina leptothrix

体長 1.5mm

マルトビムシの中でもまだら模様が特に目立つ。東京都、12月。

雪の降った後にも出現する。東京都、1月。

分布：本州、四国、九州。**生息環境**：森や林の落ち葉の下、朽ち木など。
特徴：体は赤紫色から黒色に変わり、胴体にまだら模様や黄斑があるものもいる。

クモマルトビムシ科コンボウマルトビムシ属

ウエノコンボウマルトビムシ

Papirioides uenoi

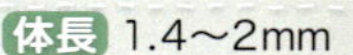

体長 1.4〜2mm

朽ち木の上で藻類を食べるウエノコンボウマルトビムシ。静岡県、6月。

腹面。跳躍器はふつうは腹部の下に折り曲げているが、後ろに伸ばした状態（標本）。

分布：長野県、静岡県（伊豆半島の山中）。
生息環境：朽ち木や倒木の下。藻類を食べるときに表面に出てくる。
特徴：腹部の先にこん棒状の突起があるのが特徴。突起からは長い毛が数本伸びる。また、触角の第4節には白い毛が生えている。

クモマルトビムシ科ニシキマルトビムシ属

ニシキマルトビムシ属の1種

体長 2mm

Ptenothrix sp.

朽ち木の表面でなにかを食べている。体色が美しい。静岡県、6月。

分布：不明（静岡県伊豆半島の山中で確認）。**生息環境**：朽ち木や落ち葉の下など。
特徴：うす暗い森の中でも、朱色と薄茶色の体はよく目立ち美しい。あまり活発に動く様子は見られない。

ツチトビムシ科フォルソムトビムシ属

ヒダカフォルソムトビムシ

体長 1.4mm

Folsomia hidakana

菌類の1種とヒダカフォルソムトビムシ（飼育個体）。

分布：北海道、東北、関東。**生息環境**：森や林の落ち葉の下など。
特徴：体色は乳白色。1992年、野菜の苗立枯病菌を食べて病気の発症を防ぐという、東北農業研究センターの発見が話題を呼んだ。

オドリコトビムシ科オドリコトビムシ属

オドリコトビムシ属の1種

Sminthurides sp.

体長 ♂0.3〜0.5mm ♀0.5〜1mm

水面に浮かびながら雌（右）が雄と触角を絡ませる。精包を受け渡すための儀式である。東京都、6月。

分布：本州。**生息環境**：池や渓流の水面など。**特徴**：雌雄が向かい合って触角を絡ませている様子が、ダンスをしているように見えることが名前の由来。雄の触角第2・3節が雌の触角をつかむために変化している。

オウギトビムシ科ヒゲナガトビムシ属

アヤヒゲナガトビムシ

Salina speciosa

体長 2.4mm

冬も霜や雪の上などで活動する。東京都、12月。

分布：北海道、本州、四国。**生息環境**：森や林の落ち葉の下、朽ち木、生木の樹皮上など。**特徴**：オウギトビムシ科は、特に触角の長い種が多く、体長を超すほど。体色も鮮やかな色彩のものが多い。

イボトビムシ科オオヤマトビムシ属

オオヤマトビムシ属の1種

Ceratrimeria sp.

体長 2mm

体表はビロードのようで色も鮮やか。
東京都、6月。

分布：東京都、福岡県、大分県。**生息環境**：森や林の落ち葉の下、朽ち木など。
特徴：ずんぐりとした体形で、体色は濃青色に淡黄色の斑点があるもの、青色地に紅色の斑点があるものなどがいる。

トビムシの卵・ふ化・脱皮

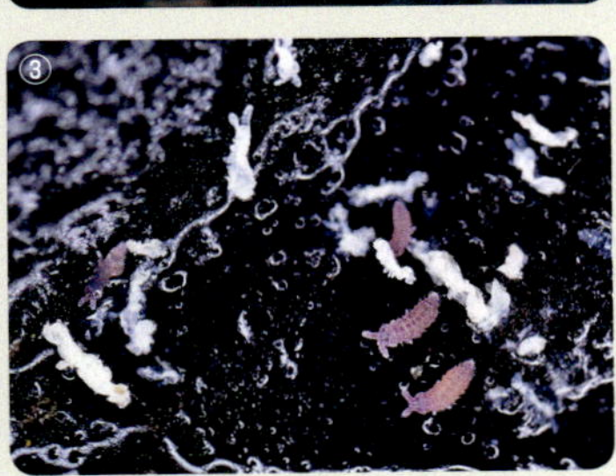

①アヤトビムシ科の1種の卵（0.6mm）。卵の多くは白色、球形だが、なかには黄色やオレンジ色のものもある。
②アヤトビムシ科の1種のふ化。ふ化して幼体から産卵できるまでの期間は20〜30日と言われる。ふ化直後から成体とほぼ同じ姿。アカイボトビムシ属の1種では、産卵後9日目でふ化した（飼育個体）。
③ムラサキトビムシ科の1種の脱皮。成体になるまでには、4〜6回の脱皮を行う。

ナミコムカデ科

ナミコムカデ

Hanseniella caldaria

体長 10mm弱

体内に取り込んだ食べ物が透けて見えている。東京県、4月。

分布：北海道を除く日本各地。**生息環境**：落ち葉や朽ち木の下など湿り気のある場所。**特徴**：一見、昆虫の幼虫のように見える。体色は白色で歩肢は11〜12対(幼体は6〜7対)。菌類やバクテリアを食べる。

エダヒゲムシ科

エダヒゲムシ科の1種

Pauropodidae sp.

体長 0.4〜1.7mm

朽ち木のすき間で休むエダヒゲムシ科の1種。東京都、3月。

朽ち木の皮裏にいるヨロイエダヒゲムシ科の1種(体長0.4〜2.0mm：*Eurypauropodidae* sp.)。一見して、ワラジムシの幼体を思わせる。体は扁平で背板はキチン化し、黄褐色。

分布：日本各地。**生息環境**：森や林のコケ類の生えた朽ち木、落ち葉の下や土の中など。**特徴**：体は一般に紡錘形で、白から乳白色。分枝した触角をもち、歩脚は通常9対。世界に24属700種、日本では6属が知られる。

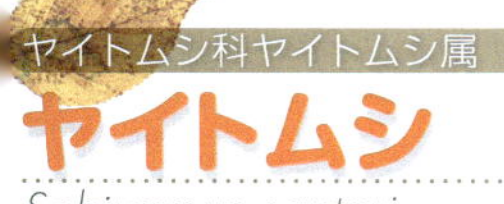

ヤイトムシ科ヤイトムシ属

ヤイトムシ

Schizomus sauteri

体長 3.3〜4.5mm

湿った落ち葉や石の下を探すと潜んでいることがある。沖縄県、9月。

分布:琉球列島。**生息環境**:山地の林床、洞穴付近の石の下など。
特徴:脚は4対で、第1脚が細長い。鋏角をもち眼はない。腹部先端にある尾状突起の形が、雌は灸(やいと)状で、雄はラケット状に見える。

クシカマアシムシ科ヨシイムシ属

ヨシイムシ

Nipponentomon nippon

体長 1.5〜1.8mm

振り上げた前肢を触角がわりにして移動する。飼育個体。

分布:北海道から九州、伊豆諸島。**生息環境**:落ち葉の下や土の中など。**特徴**:体は半透明で、濃いものはアメ色。前肢に特殊な感覚毛があり、触角の代わりをしている。翅、眼、触角はない。ヨシイムシはクシカマアシムシ科で、前肢を頭の前に振りかざす姿から、カマアシムシ(鎌足虫)の名がついた。

ナガコムシ科ウロコナガコムシ属

ウロコナガコムシ

Lepidocampa weberi

体長 3.5mm

尾角の先端を口でクリーニング中。
熊本県、10月。

分布：関東地方以西、九州、沖縄。**生息環境**：平地から山地の落ち葉の下、土の中など。**特徴**：翅と眼を欠き、体表は鱗片でおおわれる。触角と尾角は2mmほどで長く、採取しても途中で切れていることが多い。動きは速い。

ハサミコムシ科ハサミコムシ属

ヤマトハサミコムシ

Occasjapyx japonicus

体長 11mm

触角は長いが尾角は短くハサミ状で、濃い褐色。
東京都、10月。

地面に接した石の下にすんでいて、卵塊を石の裏側につり下げている。（飼育個体）

分布：東京都、神奈川県、福井県、兵庫県。**生息環境**：平地から山地の土の中など。**特徴**：触角は3.3mm。第10腹節背板の中央後端は、半円形または台形で突出する。捕食性。

シミ科ヤマトシミ属（新称）

セグロシミ

Ctenolepisma sp.（未記載種）

体長 10mm

家屋内の板壁にくっついた飴のようなものを食べるセグロシミ。熊本県、5月。

分布：不明。**生息環境**：野外での記録はなく屋内での観察のみ。**特徴**：頭部に1対の長い触角と眼。尾端中央に1本の尾糸と、その両側に1対の尾毛をもち、体全体が鱗粉でおおわれる。ヤマトシミ属として、クロマツシミ、オナガシミ、ヤマトシミ、セスジシミの4種が知られるが、セグロシミはまだ野外では記録のない未記載種。

イシノミ科ヤマトイシノミ属（新称）

ヒトツモンイシノミ

Pedetontus unimaculatus

体長 10mm

頭部に1対の長い触角と発達した眼。尾端には1本の尾糸と1対の尾毛。
体全体は鱗粉でおおわれる。東京都、12月。

分布：関東以西。**生息環境**：岩や樹皮の上、落ち葉の下など。
特徴：体は円筒形で、触角と尾糸が長い。複眼、単眼ともに発達している。
岩や樹皮に生える緑藻や落ち葉などを食べる。無変態。

イシノミ科ヤマトイシノミ属（新称）

ヤマトイシノミ

体長 10mm

Pedetontus nipponicus

枯れた小枝にとまるヤマトイシノミ。周囲の色と体色が同化して目立たない。東京都、10月。

背面が白い帯状になった体色の異なるヤマトイシノミ。東京都、10月。

体をおおう鱗粉を拡大してみると、スパンコールのような輝きを見せる。東京都、10月。

分布：東日本。
生息環境：森や林の落ち葉の下や、樹上など。**特徴**：翅をもたない原始的な昆虫類としてよく知られている。触角と尾糸が長い。体全体は鱗粉におおわれている。危険を察知すると、腹部を打ちつけてジャンプして逃げる。周囲の環境に姿が溶け込み、探しにくい。

ガロアムシ科

ガロアムシ

Galloisiana nipponensis

体長 18.5〜22mm

雄。頭は平たく眼は退化し、小さい。
動きはすばやく、昆虫や小動物を捕食する。埼玉県、5月。

雌。雄より少し小さい。雌雄とも尾角は8節、触角は40節以下である。雌は尾角の間に産卵管がある。東京都、9月。

体は乳白色。ナガコムシを捕食するガロアムシの幼虫（体長約5mm）。体は小さいが成虫そっくりで、動きは速い。埼玉県、5月（飼育個体）。

分布：本州（関東、中部）。**生息環境**：山地の落ち葉の下、石の下などの地中。
特徴：3億年前の古生代に栄えた直翅目の祖先によく似ていると言われている。翅もなく、不完全変態の昆虫である。

マダラゴキブリ科

サツマゴキブリ

Opisthoplatia orientalis

体長 ♂25mm、♀33mm

背面からは顔は見えないが、前方からは長い触角に複眼など、一見してゴキブリの仲間の顔である。沖縄県（本島）、4月。

サツマゴキブリの幼虫。姿が見えても動かないと生きているのか死んでいるのかわかりにくい体色。沖縄県（本島）、9月。

落ち葉や朽ち木をどかしていると、成虫、幼虫数匹が集団で見られる。熊本県、1月。

分布：本州、四国、九州、南西諸島。
生息環境：森や林、人家の周辺の落ち葉の下など。
特徴：体は楕円形で扁平。全身黒色で、胸部には白い縁取り、腹部には赤い縁取りがある。

オオゴキブリ科

オオゴキブリ

Panesthia angustipennis spadica

体長 37〜41mm

倒木にトンネルを掘って生息している。東京都、4月。

分布:本州、四国、九州、屋久島、石垣島、西表島。**生息環境**:林内の枯れ木やその切り株の中など。**特徴**:ゴキブリといっても、誰もがよく知っているあの特有なにおいはしない。大型でつやがあり、たくましい体。

チャバネゴキブリ科

モリチャバネゴキブリ

Blattella nipponica

体長 12mm

卵鞘(卵の入った殻)を尻の先につけたモリチャバネゴキブリの雌。

屋内にいるチャバネゴキブリに似ているが、モリチャバネゴキブリは雑木林に生息している。東京都、10月。

分布:本州、四国、九州、種子島。**生息環境**:森や林の落ち葉の下、朽ち木など。**特徴**:前胸背板にU字紋がある。よく飛ぶ。屋内にすむチャバネゴキブリと姿形がよく似ている。

ゴキブリ科

ワモンゴキブリ

Periplaneta americana

体長 30〜40mm

細長い触角のクリーニング中。沖縄県（本島）、5月。

分布：本州、九州、小笠原諸島、南西諸島。
生息環境：家屋内、住宅周辺の林縁や地表など。**特徴**：前胸背板が茶褐色で、淡茶色の輪紋がある。前翅は長く、スマートで美しい。

ゴキブリ科

ヤマトゴキブリ

Periplaneta japonica

体長 20〜25mm

木の洞に集まったヤマトゴキブリ幼虫。埼玉県、5月。

ヤナギの木の洞にすみ着いたヤマトゴキブリ成虫。東京都、9月。

分布：本州。**生息環境**：森や林の枯れ木や生木の洞など。家屋内でも見られる。**特徴**：雄の体は、家屋にいるクロゴキブリに似ているがやや細身。雌は翅が短く、腹部中央をおおうほどしかない。

ハマトビムシ科

ハマトビムシ科の1種

Talitridae sp.

体長 約8mm

落ち葉の上で小動物の死がいを食べるハマトビムシ科の1種。東京都、10月。

落ち葉のすき間から顔を出すハマトビムシ科の1種。鹿児島県、10月。

分布：日本各地。**生息環境**：海岸の砂地から内陸の森や林の落ち葉の下など。
特徴：尾肢を用いてのジャンプ力はすごい。ハマトビムシの仲間は、とくに湿気の多いところを好み、落ち葉のすき間などに体を横にしてするすると潜り込む。

ハマトビムシ科ヒメハマトビムシ属

ヒメハマトビムシ

Platorchestia platensis

体長 8〜15mm

日中、直接、日の当たるところにはいない。夜間、活動する姿をよく見かける。千葉県、12月。

分布：北海道から沖縄、小笠原。**生息環境**：海岸の砂地。
特徴：海岸に打ち上げられた海藻や魚などの死がいを食べる。尾肢を用いてのジャンプ力がすごい。近くで一見しただけでは、種の同定は難しい。

サソリモドキ科

アマミサソリモドキ

Typopeltis stimpsonii

体長 40mm

サソリ（目）に似るが、尾の端には毒針はない。刺激を受けると、鼻をつくような異臭を放つ。鹿児島県、11月。

分布：熊本県、鹿児島県、南西諸島。**生息環境**：倒木や落ち葉、石の下など。**特徴**：体は、頭胸部と腹部に分かれる。ハサミ（触肢）と鞭部（先端に長い尾鞭がある）、4対の脚からなる。外敵にあうとハサミ（触肢）を大きく開き、長い尾鞭を立て、その先から酢酸臭を放出する。

シロアリモドキ科

シロアリモドキ

Oligotoma saundersii

体長 ♂7～8.2mm、♀9～11mm

巣の外に体を伸ばした雌。前肢のふくらみが見えている。沖縄県（本島）、9月。

木の樹皮の割れ目やすき間などにすんでいる。

分布：小笠原諸島、沖縄本島以南。**生息環境**：落ち葉の下や樹皮上に営巣する。**特徴**：前肢第1節がふくらんでいて、そこに糸を出す器官がある。その糸で樹皮の下やすき間にトンネル状の巣を作る。雄にはふつう翅があり、雌にはない。コケ類や地衣類、樹皮などを食べる。

カニグモ科オチバカニグモ属

オチバカニグモ属の1種

Oxyptila sp.

体長 ♂2～3.5mm、♀2～4mm
時期 一年中

落ち葉の下にいても目立たない姿。東京都、10月。

分布:北海道から九州。**生息環境**:平地から山地の森や林、人家や神社、公園の落ち葉の下など。**特徴**:第1、第2歩脚が第3、第4歩脚に比べてかなり長く太い。背甲は盛り上がり、頭部の幅が狭い。背甲にこん棒またはへら状の毛が生える。徘徊性。

ヤチグモ科ヤチグモ属

クロヤチグモ

Coelotes exitialis

体長 ♂8～10mm、♀13～15mm
時期 一年中

16種いるといわれているうちの1種。東京都、4月。

分布:本州、四国、九州。**生息環境**:平地から山地の崖地、倒木の下、落ち葉の下など。**特徴**:体は黒褐色。入り口には漏斗型の小さな網を張り、その奥に管状のトンネルのように伸びた住居をつくる。

アシダカグモ科コアシダカグモ属

コアシダカグモ

Sinopoda forcipata

体長 ♂15～20mm、♀18～25mm
時期 一年中

ヤチグモの1種を捕食中。東京都、9月。

分布:本州、四国、九州。**生息環境**:平地から山地の森や林の落ち葉の下、岩のくぼみなど。**特徴**:徘徊性のクモで、アシダカグモによく似た体形で間違えられやすい。成体はアシダカグモより少し小さく、野外で活動する。

ハラフシグモ科キムラグモ属

キムラグモ

Heptathela kimurai

体長 ♂8〜10mm、♀11〜14mm
時期 ♂9〜11月、♀1年中

コケ類や地衣類の生えた土の崖や土手などに深さ10cmほどの穴の住居を構える。穴の入口には、土を糸でつづりあわせた扉（ふた）をつける、熊本県、8月。

住居の扉がしまった状態。熊本県、8月。

静かにゆっくりと扉を開けると、キムラグモの姿があった。熊本県、8月。

分布：九州。**生息環境**：平地から山地の崖地や道路沿いの土手など。**特徴**：腹部に体節の名残があり、原始的な形態から“生きた化石”と呼ばれる地中性のクモ。住居は片開きの扉つき。

コウモリのすむ洞窟内で見たオキナワキムラグモ(*Ryuthela nishihirai*)。雄は8〜10mm、雌は11〜15mm。沖縄県（本島）、9月。

夜間、扉を半開きにして獲物を待つオキナワキムラグモ。沖縄県(本島)、5月。

ジグモ

Atypus karschi

体長 ♂10〜17mm、♀12〜20mm
時期 ♂6〜8月、♀1年中

獲物を捕らえるだけに、大きなあごと牙をもつジグモの雌成体。体長15mmほど。東京都、8月。

古木に作られた管状住居。ジグモ成体の住居は地下から地上部まで10〜20cmにもなる。東京都、10月。

地中の管状の巣内でふ化した子グモが母グモと一緒に地上に現れたところ。埼玉県、4月。

管状の糸の袋をやぶってはい出したジグモ。東京都、8月。

分布：本州、四国、九州。**生息環境**：平地から山地の森や林の樹木、土の上に立つ建造物の壁など。**特徴**：地中性のクモ。樹木や板壁に沿って、地中から地上に伸びた糸の管状住居をつくる。長い管状の袋にワラジムシやヤスデなどが触れると、袋の中からかみつき捕食する。

トタテグモ科キシノウエトタテグモ属

キシノウエトタテグモ

Latouchia typica

体長 ♂9〜12mm、♀10〜15mm
時期 ♂9〜10月、♀1年中

扉は裏から糸でしっかりと裏打ちされている。

左の穴は扉をはずしたもの。東京都、9月。

分布：本州、四国、九州、南西諸島。
生息環境：神社の境内、公園、庭の片隅など。**特徴**：地中性のクモ。地面に穴を掘り、片開きの扉つき住居をつくる。クモタケの寄生がよく見られる。

ワスレナグモ科ワスレナグモ属

ワスレナグモ

Calommata signata

体長 ♂5〜8mm、♀13〜18mm
時期 ♂9〜10月、♀1年中

入口に扉はないが、糸でしっかりとかためられている。

夜間、住居の入口で昆虫や小動物が近づくのを待つ。写真は大きな上あごと牙が目立つ雌。東京都、11月。

分布：本州、四国、九州。**生息環境**：草地や畑、公園の植え込みの下など。
特徴：地中性のクモ。地面に縦穴を掘る。扉はないが、入口は糸でかためられる。夜間、穴の入口にくる小動物を捕食する。

コモリグモ科オオアシコモリグモ属

ウヅキコモリグモ

Pardosa astrigera

体長 ♂6〜8mm、♀7〜10mm
時期 1年中

母グモの背に数十個体の子グモが乗り、体の一部のように見える。東京都、4月。

分布：日本各地。**生息環境**：平地から山地の草地や畑、庭や公園、林縁など。
特徴：卵のうを腹端につけて徘徊するクモで、幼体がふ化すると名前の通り、母グモが子グモを背に乗せた姿を見かける。

コモリグモ科カイゾクコモリグモ属

カイゾクコモリグモ属の1種

Pirata sp.

体長 ♂3〜6mm、♀3〜8mm
時期 4〜11月

腹端に卵のうをつけて歩いている。青森県、8月。

分布：日本各地。**生息環境**：平地から山地の森や林、林縁、渓流沿い、草地、湿地など。**特徴**：背甲の中央に縦長のV字状の斑紋がある。コモリグモの仲間としては小さい徘徊性のクモ。

コモリグモ科コモリグモ属

イソコモリグモ

Lycosa ishikariana

体長 ♂10〜17mm、♀15〜23mm
時期 6〜8月

前中眼は前側眼より大きい。頭、眼、大あご、牙のそろった顔は、いかにも行動派のクモに見える。鳥取県、5月。

分布：北海道、本州（日本海沿岸、茨城県以北の太平洋側）。
生息環境：海水のかからない砂地。**特徴**：海岸に生息する大型のコモリグモ。体をおおう毛が長い。20cmほどの穴を掘って生息。住居は縦穴管状。夜間、住居から出て、近くを通る昆虫や小動物を捕食する。徘徊性。

ユウレイグモ科ユウレイグモ属

ユウレイグモ

Pholcus crypticolens

体長 ♂♀4〜6mm
時期 5〜8月

朽ち木の裏のすき間に糸を張った簡単な巣をつくっている。東京都、4月。

ふ化したユウレイグモの幼体。乳白色で体は弱々しい。

分布：本州、四国、九州。**生息環境**：平地から山地の崖地や石垣のすき間、樹木の根元など。**特徴**：歩脚が長く、眼は8個または6個。卵塊を口にくわえて保護する。不規則な網を張り、危険を感じると体を強くゆらす。

ツノカニムシ科（新称）

アカツノカニムシ

Pararoncus japonicus

体長 3〜5mm

時期 10〜4月

寒い時期にだけ見かけるカニムシ。落ち葉や石の下などで、10〜4月に見かける。東京都、1月。

分布：本州、四国、九州。**生息環境**：山地の照葉樹林、亜高山の針葉樹林の落ち葉の下。**特徴**：体に比べてハサミ（触肢）が大きく、尾のないサソリのような姿。頭胸部と腹部が細長く、ハサミと頭胸部は赤褐色。トビムシやコムカデなどを捕食する。

コケカニムシ科

ミツマタカギカニムシ

Bisetocreagris japonica

体長 3.5〜5mm

小さな鋏顎（きょうがく）にアギトダニの1種をはさみ、触肢にはトビムシをはさんでいる。東京都、6月。

分布：本州、四国、九州。**生息環境**：平地から山地の落ち葉の下など。**特徴**：ハサミ（触肢）はアカツノカニムシに比べ短く、掌部がふくらむ。主に落ち葉の下にすむ小動物を捕食。動きがにぶく見えるが、獲物を前にしたときのハサミの動きは速い。

ツチカニムシ科

ムネトゲツチカニムシ

Tyrannochthonius japonicus

体長 1〜1.7mm

体は全体的に黄褐色。ハサミの掌部が黒味を帯びる。東京都、4月。

分布：東北地方南部から九州。**生息環境**：平地から山地の照葉樹林や都市部の公園の落ち葉の下、緑地など。**特徴**：アカツノカニムシやミツマタカギカニムシ(p.93)より小さい。また、ハサミ(触肢)の掌部が黒味を帯び、見分けやすい。

ヤドリカニムシ科

トゲヤドリカニムシ

Haplochernes boncicus

体長 3〜4mm

樹皮下でウズタカダニ属の1種を捕らえている。東京都、10月。

道路沿いのスギやヒノキなどでも見かけることが多い。

分布：本州、四国、九州。**生息環境**：スギやヒノキの樹皮下など。**特徴**：体はツチカニムシ科に比べて平べったい。スギやヒノキの樹皮のすき間にあった姿をしている。

イソカニムシ科

イソカニムシ

Garypus japonicus

体長 4〜5mm

体は黒褐色。4個の眼と細長い鎌状の触肢が目立つ。千葉県、1月。

大きなハサミと鬼のような顔。

分布：北海道南部から南西諸島。**生息環境**：海水の直接かからない岩場や崖のすき間など。**特徴**：細長い鎌状のハサミ（触肢）と4個の眼をもつ大型のカニムシ。アカツノカニムシなどに比べ、腹部が幅広く肥大する。

サバクカニムシ科

コイソカニムシ

Nipponogarypus enoshimaensis

体長 2〜2.7mm

海水の直接かからない岩場にすむ。

ハサミを振り上げて威嚇しあっている。静岡県、12月。

分布：東北日本海側から沖縄本島。**生息環境**：海水の直接かからない岩場や崖のすき間など。**特徴**：黒褐色で光沢のある体。4個の眼をもつ小型のカニムシ。冬期、岩のすき間を探すと、白い糸でつくった巣の中にいる姿を見ることができる。

イレコダニ科イレコダニ属

ツルギイレコダニ

Phthiracarus clemens

体長 0.58〜0.82mm

大きな糞を排泄する。落ち葉などを食べる分解者。東京都、7月。

分布：日本各地。**生息環境**：平地から山地の森や林、人家周辺や神社の林、公園などの落ち葉の下。**特徴**：体の表面は平らですべすべしている。体の割に脚は短く、4対の脚の先端にはツメがある。

ユニークな形が特徴のササラダニの仲間

卵の形をしたツヤタマゴダニ（*Liacarus orthogonios*）
ツヤタマゴダニ科ツヤタマゴダニ属。体長0.89mm。体は卵形で、背毛は細くてつやがある。森や林の落ち葉の下で見られる。富山県、7月。

脚が数珠のようになったジュズダニ科の1種（*Damaeidae* sp.）
体長は0.4〜0.94mm。細い脚の節にふくらみが数か所あり、それが数珠状に見える。体全体に脱皮殻、土塊、卵などを背負っている。7属17種が知られる。富山県、7月。

ウズタカダニ科ウズタカダニ属

ウズタカダニ属の1種

Neoliodes sp.

体長 1mm

動作は緩慢。東京都、10月。

ケヤキの樹皮下などでよく見られる。

分布：本州、四国、九州、伊豆諸島、南西諸島。**生息環境**：平地から山地の森や林の落ち葉の下、スギやケヤキの樹皮下など。**特徴**：脱皮殻を次々と重ねて背負う。カタツムリの殻を背負ったクモのように見える。

ふつうの姿のオオイレコダニ（*Phthiracarus setosus*）
イレコダニ科イレコダニ属。体長0.98〜1.2mm。体に長い鞭状の毛が生えている。自然がよく残されている森や林にいて、落ち葉などを食べる。東京都、10月

体を球状にしたオオイレコダニ
外部から何らかに刺激を受けたり、休んだりするとき、カメが頭や足を甲羅に引き込んだような形になる。東京都、10月。

ザラタマゴダニ科ザラタマゴダニ属

ヤハズザラタマゴダニ

Neoxenillus heterosetiger

体長 1.25mm

落ち葉のすき間を移動するヤハズザラタマゴダニ。富山県、7月。

分布：本州。**生息環境**：森や林の落ち葉の下、土の中。
特徴：体の表面が細かくでこぼこしており、つやがない。前体部の桁が矢筈状になっている。大型のササラダニで稀少種。

イトダニ科

イトダニ科の1種

Uropodidae sp.

体長 0.3〜1.4mm

オカダンゴムシの体に糸状の分泌物で付着している。東京都、6月。

分布：日本各地。**生息環境**：落ち葉の下や腐植物層など。
特徴：カメの子のような姿が特徴。若虫（第2若虫）は糸状の分泌物を出し、昆虫などの小動物の体に付着して移動することがある。

タカラダニ科アナタカラダニ属

カベアナタカラダニ

Balaustium murorum

体長 約1mm

アカカタバミの花粉を食べるカベアナタカラダニ。東京都、5月。

分布：日本各地。**生息環境**：東京都内では、草地やコンクリート塀など。

特徴：1対の眼、眼の後ろに特殊な穴がある。主に植物の花粉を食べる。東京都内では、成体が4～5月にいっせいに出現し、それ以外の季節ではほぼ見られない。

ナミケダニ科ナミケダニ属

アカケダニ

Trombidium holosericeum

体長 2～3mm

落ち葉の上を移動するアカケダニ。東京都、9月。

分布：日本各地。**生息環境**：平地から山地の森や林、寺社、公園の落ち葉の下など。**特徴**：体全体が真っ赤な毛でおおわれた美しいダニ。2対の眼と鋭い大あごをもち、ほかのダニや昆虫の卵、小動物などを捕食する。移動するときは、第1脚を触角のように動かす。幼体は昆虫に寄生する。

アギトダニ科

アギトダニ科の1種

Rhagidiidae sp.

体長 0.3〜2mm

アヤトビムシ科の1種を捕らえたアギトダニ科の1種。東京都、7月。

分布：日本各地。**生息環境**：森や林の落ち葉の下、土の中など。
特徴：捕食性のダニで、活発に動く。体は白いものが多いが、中には淡赤色のものもいる。カニのハサミのような鋏角がよく発達している。

マダニ科

シュルツェマダニ

Ixodes persulcatus

体長 2mm

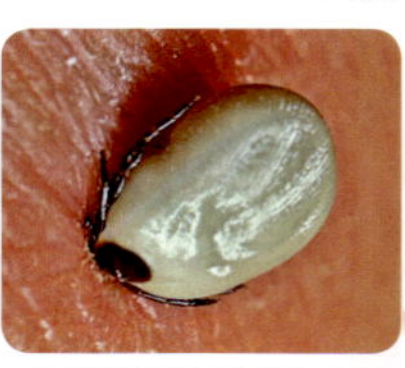

人の腹部に吸着しているシュルツェマダニ。

葉の上にいたシュルツェマダニ（体長2mm）。岩手県、5月。

分布：北海道、本州（中部高山帯以北）。**生息環境**：森や林、林縁、落ち葉の下や上など。**特徴**：人を含めた動物に寄生して吸血する。口器は逆歯になっていて、容易に除去することはできない。

とにかくでかい“アカケダニ”

インド産のアカケダニの標本。

体長3mmのアカケダニ（日本産）。葉の上で第1脚をアンテナのように振り上げている。山梨県、7月

一見してアクセサリーの1つではないかと思うほど、信じがたいダニである。どこから見ても、私たちが山道などで出会うアカケダニにそっくり。体長は12mmにも達し、体長3mmほどの日本産のアカケダニの4倍にもなる。このアカケダニも捕食性と思われるが、一体どんな小動物を食べているのだろうか？

この真っ赤な体が、落ち葉の上を歩き回る姿を見てみたいものだ。この巨大なアカケダニは仮名で、インド産ということのみで、そのほか詳細は不明である。

カワザトウムシ科

モエギザトウムシ

Leiobunum japonicum

体長 2.4～12mm

羽アリを捕食中のモエギザトウムシ。長い足でゆっくり移動する様はふわふわと浮いているようにも見える。東京都、7月。

分布：日本各地。**生息環境**：森や林の落ち葉の上、林縁の木や草の上など。
特徴：体色が、芽が伸び始めたばかりのネギの色「萌葱」をしていることが名前の由来。雑食性で、地面に落下した果実なども食べる。

カマアカザトウムシ科

ニホンアカザトウムシ

Pseudobiantes japonicus

体長 3.5〜4mm

ふだんはゆっくりと歩くが、危険を感じるとすばやく物陰に身を隠す。東京都、10月。

分布：本州南西部（太平洋側は千葉県、日本海側は石川県より西）、四国、九州。
生息環境：森や林の落ち葉の下、朽ち木や岩のすき間など。
特徴：体背面に長いトゲが1本あり、その両端に1対の黄色斑が目立つ。

カマアカザトウムシ科

アシボソアカザトウムシ

Tokunosia tenuipes

体長 2.6〜3.7mm

コウモリのすむ洞穴の壁にとまっている。沖縄本島、9月。

分布：奄美大島、徳之島、沖縄本島など。**生息環境**：洞穴の中など。**特徴**：体背面の両端に黄色斑があるなど、ニホンアカザトウムシによく似るが、長いトゲはなく体も小さい。宮古島や石垣島、西表島、尖閣諸島にも近縁種が分布していて、研究が進められている。

アカザトウムシ科

コアカザトウムシ

Proscotolemon sauteri

体長 1〜1.4mm

落ち葉のすき間にいるコアカザトウムシ。熊本県、5月。

分布：本州（関東南部以西）、四国、九州、屋久島、南西諸島。**生息環境**：森の落ち葉や落枝の下など。**特徴**：背面に眼丘があり、体色は淡黄色。姿はニホンアカザトウムシによく似ているが、その幼体かと思わせるほど小さい。

トゲアカザトウムシ科

アキヤマアカザトウムシ

Idzubius akiyamae

体長 3〜4mm

海岸近くの岸壁のすき間で、ワラジムシと同居中。茨城県、2月。

分布：本州（関東以南の太平洋側）、四国、九州、南西諸島。
生息環境：林の落ち葉の下、石の下、木の根元など。**特徴**：第1脚腿節の上下両面に櫛状の長いトゲがあり、他種にはない特徴。個体数は少ない。

ニホンアゴザトウムシ科

サスマタアゴザトウムシ

Nipponopsalis abei

体長 2.5mm

薄黒い体に細長い歩脚、特に鋏角が目立つ。東京都、9月。

分布：本州（関東南部以西）、四国、九州、奄美大島。**生息環境**：森や林の落ち葉の下、朽ち木、石の下など。**特徴**：歩脚が長く、体は黒褐色。体長より長い鋏角をもち、ほかの仲間との違いはわかりやすい。鋏角はさすまた（刺股）に似ている。

ブラシザトウムシ科

マキノブラシザトウムシ

Sabacon makinoi

体長 2〜3mm

林の湿った落ち葉の上を移動中。歩脚にダニの幼体が寄生している。北海道、7月。

分布：北海道、本州（中部地方以北と広島県比婆、道後山系）、四国（剣山）。**生息環境**：森や林の落ち葉の下、山地の草地など。**特徴**：触肢の各節が太く、ブラシ状の細い毛におおわれる。北海道産は、亜種とされる。

ダニザトウムシ科

スズキダニザトウムシ

Suzukielus sauteri

体長 2.5mm

体は茶褐色（成体）。東京都、4月。

脱皮してしばらくたった個体。東京都、4月。

分布：東京、山梨、神奈川、静岡。**生息環境**：森や林の落ち葉、石の下など。**特徴**：ダニのような姿のザトウムシの仲間。体の割に歩脚が短く、動きも緩慢。捕食性。日本固有種。

カワザトウムシ科

ゴホンヤリザトウムシ

Systenocentrus japonicus

体長 2.4〜4mm

朽ち木の上にいても体色が地味で目立たない。東京都、4月。

第1〜5背板の長いトゲはゴホンヤリザトウムシの特徴。

分布：本州、四国、九州。**生息環境**：森や林、草地、落ち葉の下や朽ち木、石の下など。**特徴**：幼体も成体も、第1〜5背板に5本の長いトゲがある。4〜5月ごろ、山道沿いの丈の低い草木の葉上にいることがある。

カワザトウムシ科

ヒトハリザトウムシ

Psathyropus tenuipes

体長 5〜6mm

牧場の片隅に立つプラタナスの落ち葉の下でワラジムシを捕食中。写真の個体は、右の第4脚が欠如している。青森県、9月。

分布：日本各地。**生息環境**：海岸やその近くの草地、内陸の林や草地など。**特徴**：頭胸部中央に眼のついた眼丘があり、8つの背板からなる。4対の歩脚は細長い。成体は腹部背板に1本のトゲがある。

カワザトウムシ科

オオナガザトウムシ

Melanopa grandis

体長 6〜12mm

山地の水田で、イネの上で休んでいる。写真の個体は、右の第2脚、左の第3脚が欠如している。東京都、6月。

分布：本州、四国、九州。**生息環境**：山地の草地など。**特徴**：大型で、ヒトハリザトウムシに比べて体は細長く、ずっと大きい。歩脚は体に比べると短い。背面は暗茶褐色または黒色。腹部背板に1本のトゲがある。

オオハサミムシ

Labidura japonica

体長 25〜30mm

夜間、海岸の砂浜で雌の巣穴近くを徘徊している雄。鳥取県、5月。

早朝、砂地にある巣穴のそばにいる雌。鳥取県、5月。

ハサミを立てて威嚇しあう雄同士。新潟県、8月。

分布：本州、四国、九州、南西諸島。**生息環境**：海辺の海水の直接かからない砂地の流木や海藻の下、川原の石の下など。**特徴**：大きなハサミをもつ大型種。体色は赤褐色から暗褐色。前翅の赤褐色の三角紋が目立つ。夜行性で、小さな昆虫などを捕食する。雑食性。

クギヌキハサミムシ科

コブハサミムシ

Anechura harmandi

体長 12～20mm

コブハサミムシの交尾。コブハサミムシの雄には、尾角が著しく湾曲したアルマン型と、尾角が細長くゆるやかに湾曲したルイス型の2型がある。写真は左が雌、右が雄（アルマン型）。東京都、2月。

子虫を保護する母虫。東京都、4月。

生きている母虫を食べる子虫。東京都、4月。

母虫がいなくなって数日、子虫はそれぞれに巣立っていく。東京都、4月。

落ち葉のすき間で越冬する雌。東京都、12月。

早春、コブハサミムシの行動がよく見られる渓流沿い。東京都、2月。

分布：北海道、本州、四国、九州。**生息環境**：山地の渓流沿いなど。産卵期の1～5月によく見られる。**特徴**：産卵後、卵や子虫を保護することで知られる。秋に交尾を終えた雌は、翌春に再び交尾することがある。雑食性。

クギヌキハサミムシ科

キバネハサミムシ

Forficula mikado

体長 12〜20mm

葉の上で見かけたキバネハサミムシ。長野県、8月。

分布：北海道、本州。**生息環境**：山地の落葉広葉樹林、川原の石の下、草木の上など。**特徴**：体は暗褐色で、翅は黄褐色。雄はハサミのもとが幅広く、先端にかけて内側に湾曲する。成虫は、山地で夏から秋に見られる。

クギヌキハサミムシ科

エゾハサミムシ

Eparchus yezoensis

体長 15〜20mm

乾いた落ち葉の上にいた。山梨県、5月。

分布：北海道、本州、四国、対馬。**生息環境**：山地の渓流沿いの枯れ木やその樹皮下、落ち葉の下など。**特徴**：体全体が細く、ハサミは雌雄とも長い。後翅には黄色い紋がある。雄は、ハサミ（尾鋏）の内側にトゲのような突起がある。

マルムネハサミムシ科

ハサミムシ

Anisolabis maritima

体長 18〜36mm

ハサミを振り上げ威嚇するハサミムシ。千葉県、5月。

分布：日本各地。**生息環境**：海岸の砂地、平地の川原、畑、公園などの湿った場所。**特徴**：ハマベハサミムシの名でよく知られている。体は黒か黒褐色で、肢は黄褐色のものをよく見かける。翅はない。雑食性。

カマドウマ科マダラカマドウマ属

コノシタウマ

Diestrammena elegantissima

体長 ♂19～26mm、♀19～30mm

渓流沿いの林の中、突然、飛び出してきたコノシタウマ。埼玉県、9月。

分布：北海道、本州、四国、九州。**生息環境**：森や林の落ち葉の下、倒木や石の下など。**特徴**：カマドウマ科は、翅はなく後肢は大きく触角も長い。コノシタウマは、後脛節の背面にある4～5本の短いトゲ、次に1本の長いトゲというトゲの配列が特徴。

カマドウマ科マダラカマドウマ属

マダラカマドウマ

Diestrammena japanica

体長 24～33mm

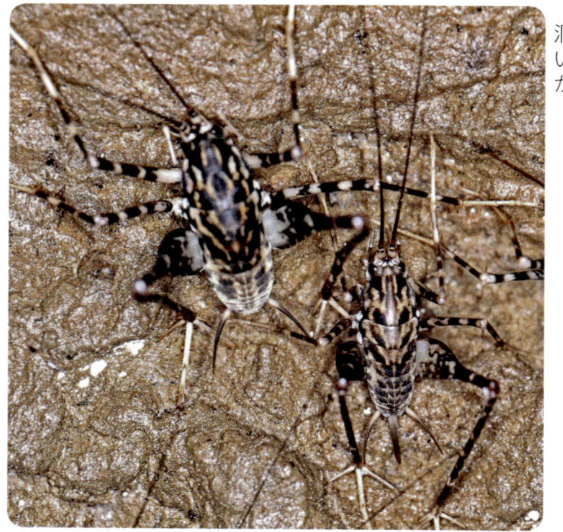

洞穴内の天井壁に集まっているマダラカマドウマ。左が雄、右が雌。東京都、9月。

分布：北海道、本州、四国、九州。**生息環境**：平地から山地の森や林の枯れ木の洞、洞穴、倉庫の中など暗い場所。**特徴**：体全体の黒い斑紋が目立つ。1対の眼と1対の長い触角をもち、後肢はジャンプ力にすぐれている。夜行性で雑食性。

カマドウマ科クチキウマ属

クチキウマ

体長 11〜20mm

Anoplophilus acuticercus

朽ち木の中にいるクチキウマ。山梨県、5月。

分布：本州中部。**生息環境**：山地の森や林の朽ち木、樹皮下など。**特徴**：コノシタウマに比べてひと回り小さい。体は筒状で肢は短かく、後肢の腿部が太い。体色は青黒く白い斑点があり、ほかのバッタ類にはないつやのある色模様。

ヒシバッタ科

コバネヒシバッタ

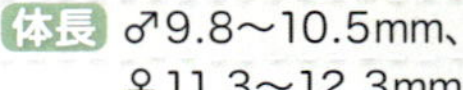

体長 ♂9.8〜10.5mm、♀11.3〜12.3mm

Formosatettix larvatus

落ち葉を食べるコバネヒシバッタ（飼育個体）。東京都、4月。

分布：本州、四国、九州、対馬。**生息環境**：平地から山地の森や林、林縁の落ち葉の上など。**特徴**：前胸背板が後方に伸び、上から見ると菱形に見える。翅はない。コバネヒシバッタは、背板の側片後縁の切れ込みが1段である。早春、日当たりの良い林縁の落ち葉の上でよく見られる。枯れたコナラやクリの葉などをよく食べる。

マツムシ科

マダラコオロギ

Cardiodactylus guttulus

体長 ♂37mm、♀36mm

住宅地のシダ植物の葉上で向き合う雄（左）と雌。沖縄県（本島）、9月。

分布：南西諸島（奄美大島以南）。**生息環境**：平地から山地の森や林の低い木、草の葉上など。沖縄本島では森に面した人家の庭先。**特徴**：大きな眼に長い触角をもち、エンマコオロギに似るが、黄褐色の体に翅が黄色い斑紋で美しい。

ノミバッタ科

ノミバッタ

Xya japonica

体長 4〜6mm

コケ類や地衣類などが生える湿り気のある場所を好む。東京都、5月。

分布：北海道、本州、四国、九州。**生息環境**：平地から山地の湿り気のある土壌で、日当たりのいい場所。河川敷や水田、畑地のあぜ道など。**特徴**：体が小さい割に、眼が大きく後腿節（後肢）も太い。体色は暗赤色を帯びた鈍い黒色。土でトンネル状の巣をつくる。藻類などを食べる。

クロイロコウガイビルの1種

体長 100〜120mm

Bipalium fuscatum

雨の後や湿気の多い夜間、動きが活発になる。東京都、10月。

交接。腹面をぴったりとくっつけ、数時間は続く。東京都、11月。

ナメクジを捕食中。体全体で巻き込むようにしている(飼育個体)。

産卵。産卵直後はオレンジ色だが、時間が経つと黒い玉になっていく(飼育個体)。

卵(卵のう)。径5〜6mm(飼育個体)。

ふ化。1卵から2匹が誕生した(飼育個体)。

分布:日本各地。**生息環境**:森や林の落ち葉の下、人家やその周辺の放置された板切れ、植木鉢やプランターの下など人為的な場所に多い。**特徴**:体は黒く扁平で、頭部はオオミスジコウガイビル(p.114)に似たイチョウの葉のような形。獲物は、腹面にある咽頭から時間をかけて呑み込む。

コウガイビル亜科

オオミスジコウガイビル

Bipalium nobile

体長 500〜1,000mm

雨上がりの道路を移動するオオミスジコウガイビル（体長600mmほど）。東京都、6月。

雨の翌日、5体に分裂したオオミスジコウガイビル。東京都、6月。

フトミミズの1種を捕らえた。この後、腹面にある咽頭から時間をかけて呑み込む。東京都、8月。

分布：北海道、本州、四国、九州。**生息環境**：森や林の土の中、朽ち木、落ち葉や石の下など湿った場所。**特徴**：扁平で、体色は黄色か淡黄褐色で、茶褐色の3本の線が目立つ。肉食性でミミズなどを食べる。1体が分裂すると、その分裂片が再生して増える。

クガビル科クガビル属

ヤツワクガビル

Orobdella octonaria

体長 100〜400mm

雨の後、山道でフトミミズの1種を捕食中。東京都、9月。

雨の後、山道を移動するヤツワクガビル。東京都、9月。

渓流の水中でフトミミズの1種を呑み込む。東京都、5月。

分布：本州、四国、九州。**生息環境**：低山地から山地の森や林の湿り気のある場所、渓流沿いの落ち葉や石の下など。**特徴**：腹面と側面がオレンジ色、背面は濃緑色の帯状。落ち葉の下などで休んでいるときは、径5cmほどの塊になっているが、移動をはじめると30cmにもなる。肉食性で、主にミミズを捕食する。

ヤマビル科ヤマビル属

ヤマビル

Haemadipsa zeylanica japonica

体長 20〜30mm

高さ50cmほどのゼンマイの葉上で獲物を待つヤマビル。千葉県、5月。

卵のうは宝石のように美しい。8mmほど。千葉県、5月。

ふ化。卵のうから幼体が誕生した（飼育個体、5月）。

スギ林の山道で獲物を待つヤマビル。千葉県、5月。

人の足で吸血後、地面に落ちて石の下に潜り込むヤマビル。千葉県、5月。

分布：本州、四国、九州、沖縄。
生息環境：山地の落ち葉の下など湿り気のある場所。
特徴：体は扁平で茶褐色。背面に黒い3本線、側面に黄色い線があり目立つ。体の前後に吸盤をもち、シャクトリ虫のように移動する。前の吸盤に口があり、シカやイノシシ、タヌキ、人などに取りつき吸血する。

長さ3メートル!? メコンオオミミズ
(*Promegascolex mekongianus*＝*Amynthas mekongianus*)

写真は、東南アジア最大のメコン川の河岸の砂地に生息するメコンオオミミズ（フトミミズ科の1種）。日本で最長のハッタミミズ（p.31）は約700mm、このミミズは、その約4倍の2,800mm以上になる。

メコンオオミミズを手にご満悦の渡辺弘之先生と地元の漁師さん。タイにて。

高さ30センチ!! ミミズの糞塔

糞の塔。その高さは30センチになることも。

糞を積み上げるフトミミズの1種。

糞塔の断面。

タイの東北部では、畑地や空き地、公園などに、タケノコが生えているのではないかと思われるような風景が見られる。近づいてみると、なんとミミズの糞を積み上げた塔なのだ。塔の中にはミミズの通り道がある。ミミズは地下で土などを食べて、尻を地上に出し、糞を排泄する。この通り道は、ミミズが糞を排泄するために、何十回、何百回と通った道かもしれない。糞塔は、ミミズが糞をバランスよく積み重ねた匠の技といえる。

種名索引

参考文献

- 青木淳一編『日本産土壌動物：分類のための図解検索』1999年、東海大学出版会
- 青木淳一編『日本産土壌動物：分類のための図解検索 第2版』2015年、東海大学出版会
- 青木淳一『だれでもできるやさしい土壌動物のしらべかた 採集・標本・分類の基礎知識』2005年、合同出版
- 青木淳一『ダニにまつわる話』1996年、筑摩書房
- 東正雄『原色日本陸産貝類図鑑』1995年、保育社
- 石塚小太郎・皆越ようせい『ミミズ図鑑』2014年、全国農村教育協会
- 梅谷献二編『原色図鑑　野外の毒虫と不快な虫』1994年、全国農村教育協会
- 相賀昌宏『NATURE　自然大博物館』1992年、小学館
- 小池啓一・小野展嗣・町田龍一郎・田辺力『小学館の図鑑・NEO③昆虫』2004年、小学館
- 新海栄一『ネイチャーガイド　日本のクモ』2006年、文一総合出版
- 鈴木知之『朽ち木にあつまる虫ハンドブック』2009年、文一総合出版
- 武田晋一・西浩孝『カタツムリハンドブック』2015年、文一総合出版
- 武田正倫監修『ポプラディア大図鑑WONDA水の生きもの』2013年、ポプラ社
- 寺山守総合監修『ポプラディア大図鑑WONDA昆虫』2012年、ポプラ社
- 篠永哲監修：『知っておきたいアウトドア危険・有毒生物安全マニュアル』1998年、学習研究社
- 中根猛彦・大林一夫・野村鎮・黒沢良彦『原色昆虫大圖鑑（第2巻）』1972年、北隆館
- 中村好男『土の生きものと農業』2005年、創森社
- ミミズくらぶ『見ながら学習調べてなっとく ずかん落ち葉の下の生きものとそのなかま』2013年、技術評論社
- 村井貴史・伊藤ふくお『バッタ・コオロギ・キリギリス生態図鑑』2011年、北海道大学出版会
- 山口英二『ミミズの話―よみもの動物記―』1976年、北隆館
- 渡辺弘之『土壌動物の世界』2002年、東海大学出版会
- 渡辺弘之『びわ湖の森の生き物5 琵琶湖ハッタミミズ物語』2015年、サンライズ出版